高等职业教育公共基础课通用教材

形象与礼仪
（课程思政版）

主　编　张　颖　唐　娇　陈　畅
副主编　曹培培　田　蕊　肖　禾
　　　　方　颖　王　倩　王　俊

北京理工大学出版社
BEIJING INSTITUTE OF TECHNOLOGY PRESS

版权专有　侵权必究

图书在版编目（CIP）数据

形象与礼仪：课程思政版 / 张颖，唐娇，陈畅主编. -- 北京：北京理工大学出版社，2021.6
　ISBN 978-7-5682-9893-3

Ⅰ. ①形… Ⅱ. ①张… ②唐… ③陈… Ⅲ. ①个人-形象-设计②礼仪 Ⅳ. ①B834.3②K891.26

中国版本图书馆CIP数据核字（2021）第111023号

出版发行 / 北京理工大学出版社有限责任公司	
社　　址 / 北京市海淀区中关村南大街5号	
邮　　编 / 100081	
电　　话 /（010）68914775（总编室）	
（010）82562903（教材售后服务热线）	
（010）68944723（其他图书服务热线）	
网　　址 / http://www.bitpress.com.cn	
经　　销 / 全国各地新华书店	
印　　刷 / 北京国马印刷厂	
开　　本 / 787毫米 × 1092毫米　1/16	
印　　张 / 11.5	责任编辑 / 江　立
字　　数 / 238千字	文案编辑 / 江　立
版　　次 / 2021年6月第1版　2021年6月第1次印刷	责任校对 / 周瑞红
定　　价 / 38.00元	责任印制 / 施胜娟

图书出现印装质量问题，请拨打售后服务热线，本社负责调换

编委会

主　　编：张　颖　唐　娇　陈　畅
副主编：曹培培　田　蕊　肖　禾
　　　　方　颖　王　倩　王　俊
编　委：杨　萍　韩　超　马艳梅
　　　　张　远　庞梦飞　孙　杰
　　　　沙双粉

前　言

　　礼仪是由一系列具有内在逻辑联系的范畴和原理组成的体系，它源于社会生活，又高于社会生活，是指导人类社会生活的准则。荀子说："礼者，养也。"强调的是礼仪是每个人皆须具备的为人处世的基本素养。

　　形象与礼仪是一门旨在提高人的内在素质的课，也是一门实践性很强的课，这就决定了教学不应仅仅停留在对相关理论的理解和掌握上，而必须使学生能够在实践中学以致用。一是进行课内礼仪行为训练，学习基本的礼仪交际技能；二是开展"明礼诚信"类的活动，要求每个学生制订修身计划，发挥礼仪的自律作用，促进内在修养的提高；三是与校团委配合，举办校园形象设计大赛、礼仪知识竞赛，弘扬文明礼貌之风，使礼仪之花遍地开放；四是成立学生礼仪服务队，作为校园礼仪大使，承担校内外的各项活动的礼仪服务工作，锻炼他们参与社交活动的礼仪能力和自身的礼仪形象设计能力。

　　本书案例丰富，结合现实需要，贴近学生实际。例如，讲授"服饰礼仪"，首先选择一个案例进行导入，让学生懂得在交往中服饰在一定程度上反映着一个人的社会地位、身份、职业、收入、爱好、个性、文化素养和审美品位，是一张特殊的"身份证"。同时，它还体现着民族的习俗和社会的风尚。随着社会的不断发展，服装成为塑造个人形象的手段和方式。其次，讲解服饰礼仪的基本理论，掌握服饰的 TPO（时间、地点、场合）原则和色彩搭配原则。再次，向学生传授男士和女士的着装礼仪规范，使学生能掌握穿西服的规范、系领带的技巧和首饰佩戴的原则。总之，通过服饰礼仪的讲授，提高学生服饰礼仪的修养和意识，懂得在正式场合，如何使自己的穿着打扮更加得体。

张　颖
2021 年 3 月 1 日

目　录

第一部分　形象篇 ……………………………………………………………… (1)

专题一　认识形象 …………………………………………………………… (3)
　　任务一　形象的由来 ……………………………………………………… (3)
　　任务二　形象的内涵 ……………………………………………………… (8)
　　任务三　形象的分类 ……………………………………………………… (11)
　　任务四　形象的重要性 …………………………………………………… (17)

专题二　形象美学 …………………………………………………………… (20)
　　任务一　形象美学概念 …………………………………………………… (20)
　　任务二　形象美学的主要内容 …………………………………………… (23)

专题三　色彩基础 …………………………………………………………… (27)
　　任务一　色彩的概念及属性 ……………………………………………… (27)
　　任务二　色彩的分类 ……………………………………………………… (31)
　　任务三　色彩的运用 ……………………………………………………… (36)

专题四　美容化妆 …………………………………………………………… (47)
　　任务一　基本的美容知识 ………………………………………………… (47)
　　任务二　化妆的一般程序 ………………………………………………… (53)
　　任务三　面部修饰 ………………………………………………………… (55)
　　任务四　头发修饰礼仪 …………………………………………………… (57)

专题五　男士形象设计 ……………………………………………………… (58)
　　任务一　男士面部修饰 …………………………………………………… (58)
　　任务二　男士发型的修饰 ………………………………………………… (60)
　　任务三　男士着装搭配 …………………………………………………… (62)
　　任务四　男士配饰搭配 …………………………………………………… (66)

专题六　女士形象设计 ……………………………………………………… (68)
　　任务一　女士面部修饰 …………………………………………………… (68)
　　任务二　女士发型的修饰 ………………………………………………… (69)
　　任务三　女士服装搭配 …………………………………………………… (72)
　　任务四　女士配饰搭配 …………………………………………………… (76)

第二部分　礼仪篇 ……………………………………………………………… (79)

专题七　礼仪概述 ………………………………………………………… (81)
　　任务一　礼仪的由来 ……………………………………………… (81)
　　任务二　礼仪的概念及基本原则 ………………………………… (83)

专题八　仪态礼仪 ………………………………………………………… (85)
　　任务一　站姿与行姿 ……………………………………………… (85)
　　任务二　蹲姿与坐姿 ……………………………………………… (92)

专题九　介绍礼仪 ………………………………………………………… (99)
　　任务一　自我介绍 ………………………………………………… (99)
　　任务二　介绍他人 ………………………………………………… (102)
　　任务三　介绍集体 ………………………………………………… (104)

专题十　握手与名片礼仪 ………………………………………………… (105)
　　任务一　握手礼仪 ………………………………………………… (105)
　　任务二　名片礼仪 ………………………………………………… (106)

专题十一　乘坐电梯及公共交通工具礼仪 ……………………………… (110)
　　任务一　乘坐电梯礼仪 …………………………………………… (110)
　　任务二　乘坐公共交通工具礼仪 ………………………………… (111)

专题十二　商务社交礼仪 ………………………………………………… (115)
　　任务一　商务宴请礼仪 …………………………………………… (115)
　　任务二　商务通信礼仪 …………………………………………… (118)

专题十三　商务接待与拜访 ……………………………………………… (122)
　　任务一　商务接待礼仪 …………………………………………… (122)
　　任务二　商务拜访礼仪 …………………………………………… (124)

专题十四　会务与谈判礼仪 ……………………………………………… (128)
　　任务一　商务会议概述 …………………………………………… (128)
　　任务二　参会者礼仪规范 ………………………………………… (130)
　　任务三　几种常见的商务会议礼仪 ……………………………… (131)
　　任务四　谈判礼仪 ………………………………………………… (133)

专题十五　馈赠礼仪 ……………………………………………………… (137)
　　任务一　礼品的选择与赠送 ……………………………………… (137)
　　任务二　馈赠的注意事项 ………………………………………… (145)

专题十六　求职面试礼仪 ………………………………………………… (147)
　　任务一　求职礼仪概述 …………………………………………… (147)
　　任务二　面试礼仪 ………………………………………………… (149)

专题十七　涉外礼仪 ……………………………………………………… (163)
　　任务一　涉外礼仪概述 …………………………………………… (163)
　　任务二　接待外宾礼仪 …………………………………………… (169)
　　任务三　中西方用餐礼仪 ………………………………………… (173)

参考文献 …………………………………………………………………… (176)

第一部分

形象篇

第一編

總論

专题一　认识形象

任务一　形象的由来

一、人类对形象认知的起源

(一) 人类对形象认知的学说

人类对形象的认知与审美观念的形成是同步出现的，可以追溯到原始社会。由于没有确切文献记载，人类学家通过远古壁画、岩画以及考古发现的陶器、饰品等进行推测。人类注重自身形象的起源比较有代表性的主要有以下三种观点。

1. 表现说

这种学说认为，人类注重自身形象起源于人类表现自我和交流情感的需要，在动物世界，雄性个体为了获得雌性青睐，通常会通过特殊的声音、气味、外表等吸引雌性来实现交配，促使自己基因得到传递。人类也有同样的本性，如表现得更强壮、更勇敢、更有责任心等，这些要素在几十万年进化中形成，已经印刻在基因遗传密码中。最早出现在旧石器时期晚期的人体装饰，如有动物尾羽的头饰、贝壳串成的项链、草编的腰链，以及火烫和文身，这些装饰的数量甚至超越了现代人的装饰数量，而且装饰的部位较多，再加上在身体上进行彩绘，可以看出当时的人们就已经开始注重美在人体装饰中的运用，这也很好地解释了人类爱美的天性。

同时，由于喜欢被别人羡慕、夸奖，人类开始通过一些不易获得的东西在同伴面前炫耀勇敢、智慧等特征，格罗塞在《艺术的起源》一书中也指出了这一点："原始装饰的效力，并不限于它是什么，大半还在它代表什么。一个澳洲土著人的腰饰，上面有三百条白兔子的尾巴，当然它的本身就是很动人的，但更叫人欣羡的，却是它表示了佩戴者为了要取得这许多兔尾必须具有猎人的技能；原始装饰中有不少用牙齿和羽毛做成的饰品，也有着同类的意义。"当时的装饰比较单纯，我们能较清楚地看出装饰物的感性形式和内容之间的联系，便于理解美的事物中所包含的对生活的积极意义。

另一方面，随着人类生产力水平提高，用于交换的剩余物品增多，和陌生人接触的机会增多。为了提高交换的效率，人类开始通过衣着、发型、配饰等，塑造诚实、可靠的形象。

2. 巫术说

巫术说是西方关于人类形象认知起源的理论中最有影响力的一种观点。这种理论是在直接研究原始艺术作品与原始宗教巫术活动之间关系的基础上提出来的，这种观点用实用性来解释人类重视自身形象的起源，认为最初的艺术形象是为了满足巫术仪式的需要而产生的，有着极大的实用功利价值。

以服饰为例，出于巫术意义而穿衣戴饰，是人类的社会本能与精神需求所产生的服装结果，例如，佩戴动物图腾的利牙兽角，穿着动物图腾的皮毛和尾羽，或是采用文身、火烫疤痕、涂色等方法，将带有象征性图腾的形象绘制在身体上，以此使自己同化于图腾，以此获得图腾神灵的保护与庇佑。而这种巫术行为，称为模拟巫术。原始初民将狩猎来的动物和图腾动物的形象特征进行模拟，再绘制在自己的身体上、使用的器物上、岩壁上以及装饰在服装上等，以使人们在生活各个层面都能带有被模拟动物的某种特征或某种相似性。

3. 劳动说

这种观点认为，艺术起源于劳动，劳动是原始艺术主要的表现对象，史前人类形象在内容与形式方面都带有劳动生产活动的印记。美的事物都是内容与形式的统一，它直接呈现于对象的感性形式（色彩、线条、形体等），在这些感性形式中凝聚人们的劳动和创造，这些形式也成为人类智慧、灵巧和力量的标志，能唤起人们的喜悦而成为美的事物。随着生产实践的发展，美也在不断发展。人在长期的生产实践中逐渐了解了自然现象、自然规律，同时在改造自然的活动中双手越来越灵巧，头脑也越来越发达，石器、陶器的发展说明人所创造的对象世界日益丰富地显示出人的本质——自由创造的力量。

马克思说："人的感觉、感觉的人类性——都只是由于相应的对象的存在，由于存在着人化了的自然界，才产生出来的。五官感觉的形成是以往全部世界史的产物。"例如，从磨制石器上我们可看到人类对形式的感觉的发展，人类在制作石球、纺轮、石珠和钻孔中发展了对圆的感觉；磨制石器不仅发展了人对光滑、匀整的感觉，而且发展了面与线的感觉；在磨制石器上我们可以看到各种几何图形的面（如圆形、方形、梯形等）以及面与面相交形成的各种清晰的线（曲线、直线等）；在旧石器时代早期与粗糙石器相适应，人的感觉也是粗糙的。在编织劳动中人们掌握了一些图案的组织方法，彩陶以及后来的玉器制作发展了人们对色彩的美感。在劳动中人类创造了美，在创造美的过程中又提高了自己的审美能力和审美需要。人类凭借着这种提高了的审美能力，又创造出更新更美的事物。这是一个循环的过程，使美从低级走向高级。前面所说的石器、陶器的发展过程，既是物的发展过程，也是人的发展过程，是人和物在实践过程中相互影响的过程。在这个过程中，人的实践、自由创造起着决定性的作用。

二、形象认知的变化

在从实用价值到审美价值的过渡中，人类的观念形态起到了中间环节的作用。例如，丁卡族的妇女戴20磅（约9千克）的铁环，开始也可能不是为了美，而是为了显示财富，其后财富与美的观念逐渐结合，形成了"财富的也就是美的"的观念，所以普列汉诺夫说："把二十磅的铁环戴在身上的丁卡族妇女，在自己和别人看来，较之仅仅戴着两磅重的铁环的时候，即较为贫穷的时候，显得更美。很明显，这里问题不在于环子的美，而在于同它联系在一起的富有的观念。"又如，在原始部落中，动物的皮、爪、牙成为装饰，是因为这些东西"在暗示自己的灵巧和有力"。原始的图腾崇拜本来没有美的意思，只是随着图腾的发展和本部落的强大，图腾除了作为原始宗教崇拜外，还有装饰作用，并逐渐发展到具有独立的审美意义，成为美的形象。中国的龙和凤也是如此。这里需要说明一点，观念形态虽然在从实用到审美价值的过渡中起中间环节的作用，但观念形态并不是美的根源。观念形态本身也是由一定社会生产力状况和经济状况决定的。丁卡族之所以把铁环看作美，虽然和财富的观念相联系，但最终的根源还是在于生活实践已经发展到"铁的世纪"。

三、案例：我国古代女性形象的变化

总的来看，"中国美"经历了"结实健康—细腻柔弱—自然飘逸—雍容华贵—纤瘦妩媚"的历史变迁。

（一）母系氏族社会时期

在母系氏族社会，生殖和生产的能力就是美的标准。粗壮结实的女人，在那个时候的审美观念中就是最美的。我们看到的新石器时代女神像的造型特点就是粗壮结实。受物质条件的限制，那时候女人的服饰或者装饰品，都很简单而实用。但考古发现，一些简单的骨制或木制饰品仍然体现了当时女人们对美的追求和崇尚。

（二）春秋战国时期

这个时期被一些历史学者称为中国古代审美变化的四大转折点之一，当时社会正逐渐由奴隶制转向封建制，处于社会转型期的人们，审美观产生了巨大变化。男人提倡女性"柔弱顺从"的观念占了上风，士大夫盛行"精致细腻"的审美意识。人们注重女性面部形象，"柔弱细腻"的女人被奉为美女。当时七雄争霸，造成了百家争鸣学术论战，不同派别的意识形态渗透到美学思想中，产生了不同的审美主张。

（三）两汉时期

这个时期，秀外慧中的女性被人们所认可，因为那时的女性尚未取得独立价值，人们虽然欣赏女性之美，但更强调道德，表现出了以德压美的倾向。到了后汉以及三国时期，人们对美貌的欣赏玄学化，审美达到了至今仍不可及的哲学高度，其中以曹植的《洛神赋》为代表。这个时期社会的一些生活习惯延续了战国以及秦朝的风格，女人们的头饰都比较小，发型基本向下，自然朴实。服装设计也以功能性为主，奢华的服饰一般在宫廷中才能见到。最有趣的是汉朝女人们脸上的妆容：女人们把脸搽得雪白，嘴唇用红色的颜料将轮廓画得很小。这说明从那时候起"面如凝脂""樱桃小口"便逐渐成为古代女性美的基本格调。

（四）魏晋南北朝时期

这个时期也是中国古代审美变化的四大转折点之一，是中国历史上著名的民族大融合时期。魏晋时期是中国历史上经济、政治最为混乱的年代，但在精神上却是极其自由解放，是最热情、最富个性审美意识的朝代。随着两汉经学崩溃，人们个性得到解放，佛教开始盛行，自然飘逸的美盛行一时。女性之美开始获得了独立的价值，得到欣赏和珍视。荀粲曾说："妇女德不足称，当以色为主。"对女性美的评判标准也开始趋向于外在的个性和精致。在这样的社会大环境下，女性开始走向对美的自觉追求。这一时期的女子，大多穿着广袖短襦、曳地长裙，腰部束以"抱腰"，并且用衣带来装饰，当时还流行在头上插戴花钗和"步摇"，这样走起路来衣袂飘飘、环佩叮当，进一步强调了女性的温婉妩媚、婀娜多姿。因此，崇尚个性美、自然美成为当时的审美标准。

（五）隋唐五代时期

唐朝相比于以前任何朝代，增加了新的审美因素和色彩。唐代审美趣味由前期的重再现、客观、神形转移到后期的重表现主观、意韵、阴柔之美，体现了魏晋南北朝审美意识的沉淀，审美的角度又逐渐趋向于华丽、唯美。隋唐是中国封建社会的鼎盛时期，国力强盛，女性之美也相应地呈现出雍容华贵的特色，也就是我们通常所说唐代女子以胖为美。宽额圆脸、丰腴肉感加上高耸的发髻、飘扬的披帛，显得华丽大方，充分体现了"盛唐气象"。唐朝女性的打扮是中国历代女性中最为大胆和性感的。服装在延续了南北朝的飘逸感的同时，更增添了华丽之美。唐代女子对于化妆极其讲究，那时流行画浓晕蛾翅眉，高而上扬的眉型更加增添了女子的风韵。初唐时期最盛行的是在额间点上一个红色或黄色的"花子"以做装饰，"花子"形状各异，以叶子或花朵形状为主。到了晚唐、五代时期，女人更是把各种花、鸟画在脸上或者画在纸和绢上贴在面部，以示美丽。

（六）宋元时期

受政治、经济、文化等诸多方面的影响，宋人开始崇尚纯朴淡雅之美。女性美从华丽开放走向清雅、内敛。人们对美女的要求渐渐倾向文弱清秀：削肩，平胸，柳腰，纤足。宋代缠足之风遍及民间，"三寸金莲"成了对女性的基本要求。宋朝女性中很流行戴一种叫"花冠"的装饰品，这种花冠制作精细考究，为这一时代的女性增添了妩媚的气质。宋朝女性使用的妆粉已制成粉块，每块直径3厘米左右，有圆形、方形、四边形、六角形及葵瓣形等，在每个粉块的表面，还压印着梅花、兰花及荷花图案。到了元朝，在审美以及尚美方面没有太大的变化。

（七）明清时期

随着资本主义的萌芽，人们的审美情趣开始随潮流转变，但对于女性美的标准仍然和前朝没有太大的区别。只是，社会对于女性的束缚有增无减，表现在女性的发饰、服饰等方面。明朝女性的发型非常死板，衣服也包裹得很紧，可谓将女性裹得严严实实。直到明朝晚期，才逐渐有了一些特色。清朝时，含蓄内敛之美，仍然是女性美的主流。清朝文人张潮在其著作《幽梦影》中，也提到"所谓美人者，以花为貌，以鸟为声，以月为神，以柳为态，以玉为骨，以冰雪为肤，以秋水为姿，以诗词为心"。通过这些生动的比喻，可以看到一个文人心中的内外兼备的审美标准。这种审美意识一直保持到民国。

任务二 形象的内涵

一、形象的内涵

从个人角度看,形象指的主要是容貌、魅力、风度、气质、妆容、服饰等直观的、外表的东西,是一个人内在品质的外部反映,综合反映个人发展的需求和社会发展对个人的塑造。

从心理学的角度来看,形象就是人们通过视觉、听觉、触觉、味觉等各种感觉器官在大脑中形成的关于某种事物的整体印象,简言之是知觉,即各种感觉的再现。形象不是事物本身,而是人们对事物的感知,不同的人对同一事物的感知不会完全相同,因而其正确性受到人的意识和认知过程的影响。由于意识具有主观能动性,因此事物在人们头脑中形成的不同形象会对人的行为产生不同的影响。

二、形象隐性因素和显性因素

形象隐性因素即内在形象,指的是一个人的道德品质和学识,包括性格、能力、品行、修养、身份地位、阅历、爱好等。道德品质是一个人内涵的基础。欲修身必先利其德。在今天我们所说的德主要指"三德",即在家里有家庭美德,在工作岗位有职业道德,在公共场所有公共道德。具备了这"三德",内涵形象就比较丰满了。在市场竞争的时代,我们要生存,要立足,必须要有"资本",这就要求有学识,也即专业知识。

形象的显性因素也就是外在形象即外延,包括仪容、仪态、服饰、声音、年龄、职业等,外延有两个重要内容,一个是能力,也就是才干和技能,其范围很广,能力当中有一个是不可或缺的,这就是人际交往、待人接物的能力;外延的另一个是形象的外在视觉效果,也就是人们常说的穿着打扮、言谈举止等一些可视的外在行为。礼仪看似是外在的东西,但却是一个人形象内涵的外在延展。

三、关于形象的几个重要效应

(一)首因效应

首因效应由美国心理学家卢钦斯首先提出,也叫首次效应、优先效应或第一印象效应,指交往双方形成的第一次印象对今后交往关系的影响,也即"先入为主"带来的效果。虽然这些第一印象并不总是正确的,但却是最鲜明、最牢固的,并且决定着以后双方交往的进程。如果一个人在初次见面时给人留下良好的印象,那么人们就愿意和他接近,彼此也能较快地取得相互了解,并影响人们对他以后一系列行为和表现的评价和看法。反之,对于一个初次见面就引人反感的人,即使由于各种原因难以避免与之接触,人们也会对之很冷淡,在极端的情况下,甚至会在心理上和实际行为中与之对抗。

第一印象是在短时间内以片面的资料为依据形成的印象,心理学研究发现,与一个人初次会面,45秒内就能产生第一印象。它主要是通过对方的性别、年龄、长相、表情、姿态、身材、衣着打扮等,判断对方的内在素养和个性特征。美国著名的人际关系专家和行为科学家阿尔伯特·罗宾研究发现,人的第一印象形成是这样分配的:55%取决于人的外表(包括服装、容貌、体形、发色等),38%取决于如何自我表现(包括语气、语调、手势、站姿、动作、坐姿等),7%才是所表达的内容。第一印象对他人的社会知觉产生较强的影响,并且在对方的头脑中形成并占据主导地位。这种先入为主的第一印象是人的普遍主观性倾向,会直接影响以后的一系列行为。在现实生活中,首因效应所形成的第一印象常常影响着人们对他人以后的评价和看法。

人们常说的"给人留下一个好印象",一般就是指第一印象,也就存在首因效应的作用。在交友、招聘、求职等社交活动中,可以利用首因效应,展示出一种好的形象,为以后的交流打下良好的基础。

(二)近因效应

近因效应是指最新出现的刺激物促使印象形成的心理效应。1957年,心理学家卢钦斯根据实验首次提出近因效应。实验证明,在有两个或两个以上意义不同的刺激物依次出现的场合,印象形成的决定因素是后来出现的刺激物。例如,介绍一个人,先讲他的优点,接着再讲缺点,那么后面的话对印象形成产生的效果就属于近因效应。当沟通者提出两个以上不同的论据(刺激物)时,认知者产生首因效应还是近因效应呢?1960年,心理学家J.怀斯纳的实验证明,首因效应和近因效应依附于主体的价值选择和评价。如果论据不是当场依次提出的,而是间隔了较长时间,那么近因效应发生的概率更大些。1964年,心理学家C.梅约和W.克劳克特的实验进一步证明,认知结构简单的人,容易出现近因效应;认知结构复杂的人,容易出现首因效应。有关的学者还指出,认知者在与熟人交往时,近因效应起较大作用;与陌生人交往时,首因效应起较大作用。

与首因效应相反,近因效应是指在多种刺激一次性出现的时候,印象的形成主要取决于后来出现的刺激,即交往过程中,我们对他人最新的认识占了主体地位,掩盖了以往形成的印象,因此也称"新颖效应"。多年不见的朋友,在自己脑海中的印象最深的其实是临别时的情景；一个朋友总是让你生气，可是谈起生气的原因，大概只能说上两三条，这也是一种近因效应的表现。心理学家认为，在学习系列材料后进行回忆时，该系列中的最后几个项目与对它们的识记相距时间最短，因而是从短时记忆中提取的。这种观点用改变识记与回忆之间间隔时间的方法进行实验可以得到证明。延缓回忆对首因效应没有影响，但却消除了近因效应，这说明短时记忆的提取促成了近因效应。在人的知觉中，如果前后两次得到的信息不同，但中间有无关工作把它们分隔开，那么后面的信息在形成总印象中起的作用更大。前后信息间隔时间越长，近因效应越明显。原因在于前面的信息在记忆中逐渐模糊，从而使后面的信息在短时记忆中更为突出。

（三）晕轮效应

晕轮效应又称成见效应、光圈效应等，指人们在交往认知中，对方的某个特别突出的特点、品质会掩盖人们对对方的其他品质和特点的正确认知。晕轮效应除了与人们掌握对方的信息太少有关外，主要还是个人主观推断的泛化、扩张和定式的结果。它往往容易形成成见或偏见，产生不良的后果，故在人才选拔、任用和考评过程中应谨防这种倾向发生。

美国心理学家凯利以麻省理工学院的两个班级的学生进行实验。上课之前，实验者向学生宣布，临时请一位研究生来代课。接着告知学生有关这位研究生的一些情况。其中，向一个班学生介绍这位研究生具有热情、勤奋、务实、果断等多项品质，向另一班学生介绍的信息除了将"热情"换成"冷漠"之外，其余各项相同。下课之后，前一个班的学生与研究生一见如故，亲密攀谈；另一个班的学生对他却敬而远之，冷淡回避。可见，仅介绍中的一词之差，就会影响到整体的印象。

当然，这在社交活动中只是一种暂时的行为，更深层次的交往需要加强在谈吐、举止、修养、礼节等各方面的素质，不然会导致另外一种效应的负面影响，那就是近因效应。

任务三　形象的分类

根据不同的标准,可以将形象分成很多种,这里主要介绍国家形象、组织形象、企业形象和个人形象。

一、国家形象

国家形象是一个国家对自己的认知以及国际体系中其他行为体对它的认知的结合,它是一系列信息输入和输出产生的结果,是一个结构十分明确的信息资本。美国政治学家布丁认为,国家形象是国家"软实力"的重要组成部分之一,可以从一个方面体现这个国家的综合实力和影响力。因此,国家形象的塑造与传播深受各国政府的重视。

"文明大国、东方大国、负责任大国、社会主义大国"四个形象构成了新时代中国大国形象的四个维度,涵盖文化层面、社会层面、外交层面和制度层面,对新时代中国应有的国家形象进行了高度概括,既尊重了中国的历史,又体现了中国的现代特性;既回应了国际社会对中国的某些期待,又坚持了中国的文化自信、理论自信、道路自信、制度自信,也为新时代中国国家形象传播提出了议程设置的系列主题。

坚持走中国特色的社会主义道路、坚持以经济建设为中心、坚持改革开放,综合国力显著增强,国际地位日益提高,在国际舞台上发挥着越来越重要的作用,中国积极参与国际合作,努力促进世界和平与发展,一个和平、合作、负责任的大国形象已经为国际社会所公认。中国经济是世界经济的重要组成部分,是推动世界经济发展的重要力量;中国奉行独立自主的和平外交政策。据中国国家形象调查平台开展的《中国国家形象全球调查》显示,中国的国家形象有如下特征。

(1) 中国整体形象好感度持续上升。

(2) 全球治理表现亮眼,中国在科技、经济、文化、安全、政治、生态等各领域参与全球治理表现的认可度均获提升。经济与科技领域成为海外受访者最期待中国发挥更大作用的领域。

(3) 新中国成立以来中国国家形象不断提升的观点备受肯定。

(4) 中国"全球发展的贡献者"形象备受期待。未来,中国应重点塑造和展示全球发展的贡献者形象、具有悠久历史的东方大国形象和全球性的负责任大国形象。

(5) 文明交流互鉴的中国主张获高度认同。

(6) 海外民众对"一带一路"倡议的认知度逐年提升,是海外认知度最高的中国理念和主张。

(7) 中国科技创新能力认可度持续提升,科技发明的文化代表性得到提升。

（8）中餐、中医等中国文化享有较高的海外美誉度。

中国作为一个正在崛起的大国，其国家的"成长性"注定了中国已经并将继续成为世界关注的焦点之一。中国、中国人、中国元素、中国制造、中国创造、中国符号、中国风等，越来越频繁和突出地出现在全球媒介信息之中，共同建构了中国形象，为人们提供了对于中国历史、现状、自然、人文、生活方式和价值观的综合印象，这种印象中既有对中国国家和民众行为的反应，也有感性和理性的判断；既有对中国的认识，更有对中国的评价。因此，一方面中国需要更加深入地通过改革开放来创造事实上更文明、进步、富强的中国，呈现一个现实的中国形象；一方面也要通过中国文化与世界文化的相互沟通、相互融合来尽可能呈现一个相对客观的中国。在这个过程中，文化往往能够回避国家形象认知方面的硬性差异，用更加柔软的方式塑造国家形象。这种软性的文化塑造不仅更容易感染和影响人，而且往往也比特定的事件、人物持久和深入人心。

二、组织形象

组织形象是组织的名片，它是公众通过对组织的各种评价综合而成的总体形象，这些评价要素包括组织的价值观念、行为规范、道德准则、管理水平、员工素质、产品质量等。组织形象的构成包括：产品形象、媒介形象、标识形象、人员形象、文化形象、环境形象、社区形象。良好的组织形象是由知名度和美誉度构成的，知名度是一个企业的机构、产品或服务被相关公众知晓的程度，美誉度是公众对该企业的信任和赞赏程度，两者相互依赖、缺一不可。知名度和美誉度并不一定同步形成和发展，有知名度不一定有美誉度，没有知名度也不意味着就毫无美誉度；反过来也一样，美誉度高不一定知名度就高，美誉度低也不意味着知名度低。总的来说，知名度需要以美誉度为客观基础，才能产生正面的、积极的社会效果；美誉度需要以一定的知名度为前提，才能充分显示其社会价值。组织形象管理是一种艺术性、创造性很强的工作，没有固定的模式和不变的蓝图。组织形象具有以下四个特性。

1. 整体性

组织形象是一个有机的整体，形象是组织内部诸多因素共同作用的结果。以一个企业为例，企业形象包括：企业历史、社会地位、经济效益、社会贡献等综合性因素，员工思想、文化、技术素质及服务方式、服务态度、服务质量等人员素质因素，产品质量、产品结构、经营方针、经营特色、基础管理、专业管理、综合管理等经营管理因素，技术实力、物质设备、地理位置等其他因素。不同的因素形成不同的具体形象，完整的企业形象是各个形象具体要素的总和，这是对组织具有重要意义的宝贵财富。

2. 主客观二重性

主观性是指组织形象作为组织在公众心目中的印象，这个印象必然受到公众自身价值观、思维方式、道德标准、审美取向、性格差异等主观因素的影响，因此，同一个组织在不同公众心目中会产生有差别的形象。所以要组织注意自我管理，注意自身形象，塑造出能被广大公众接受的形象。客观性是说形象是一种观念，是人的主观意识，但观念反映的对象（也就是载体）却是客观的。也就是说，组织形象赖以形成的物质载体都是客观的，例如，建筑物是实实在在的，产品是实实在在的，组织的员工是具体的，组织的各种活动也是实实在在的。所以，组织形象作为客观事物的反映，不能在虚幻的基础上构筑。

3. 相对稳定性

当社会公众对组织产生一定的认识和看法后，一般会保持相对稳定性，不会轻易改变或消失，这就是组织形象的相对稳定性。要在公众心中留下一个稳定、良好的印象其实并不容易，特别是在当今产品众多、广告泛滥的年代。同理，要改变一种产品或一个组织在公众心中的不良形象是一件困难的事情。组织形象的这种相对稳定性可能会产生两种结果，其一是组织因良好形象被维持而受益，其二是组织因不良形象难以改变而受损。

4. 独创性和创新性

良好的组织在自身形象设计和发展上都会具有自己的特色和创造精神，这样会使组织的经营管理和生产活动更具针对性，从而让组织形象充分发挥它的统帅作用。在组织形象管理中，组织的创新体现在它的战略决策上，管理人员的创新体现在怎样调动下属的工作热情上，工人的创新体现在对操作方法的改进、自我管理的自觉性上，这些创新的受益者则都是组织自身。

三、企业形象

企业形象指社会公众和企业职工对企业整体的印象和评价。企业形象是可以通过公共关系活动来建立和调整的。企业形象的构成因素很多，具体可表现为：产品形象，指产品的质量、性能、价格、设计、外形、名称、商标和包装等给人的整体印象；职工形象，指职工的服务态度、职业道德、进取精神以及装束、仪表等给外界公众的整体印象；主观形象，指企业领导者想象中的外界公众对企业所持有的印象；自我期望形象，指企业内部成员，特别是企业领导希望外界对本企业所持的印象；实际形象，指外界对企业现状所持有的印象，是企业的真正形象；公共关系形象，指企业通过公共关系活动的努力，在公众中留下的印象。

譬如，我们进入一个企业（单位），如果第一印象是工作环境干净整洁，员工着装整齐，在自己的岗位上井井有条地工作，充满活力，那么这些就会带给人一种可信任的感觉；反之，就会让人觉得这个企业不正规，管理松散，会感觉不能轻易合作。可见，塑造良好的组织形象对企业来说都是非常重要的事情。

四、个体形象

个体形象就是一个人的外表或容貌，它是个体内在品质的外部反映，是反映一个人内在修养的窗口。人类最重视自我形象塑造和维护，这一点已经成为人类文明最显著的标志之一。

1. 角色形象

莎士比亚在《皆大欢喜》中这样写道："全世界是一座舞台，所有的男男女女不过是一些演员；他们都有下场的时候，也都有上场的时候，一个人一生中扮演着好几个角色"。角色是由人的社会地位和身份所决定的，是符合社会期望的。

人是社会人，每个人都会具有一定的社会角色身份，入世越深，社会角色越多。封建社会所强调的君臣、父子、兄弟、夫妻、尊卑、长幼等，就是社会角色的定位和表述。角色是一套与社会位置相对应的社会身份与社会行为模式，换句话说，它是个体在社会中的身份与功能的综合定位。角色从存在形态角度说可以分解为理想角色、领悟角色和实践角色。理想角色是社会或社会成员所在团体对某一角色的定位和期待，这种定位往往较高，并非每个人都能够达到。领悟角色是个体对自身在社会或团体中应扮演角色的认知和理解。必须指出，这种认知和领悟有可能会和实际存在错位。如一个人认为自己是好人，但别人不一定会有相同的评价。实践角色即实际角色，是个体根据社会规范，结合自己对自身社会位置和功能的理解而表现出的实际行为，具有较强的客观性。

有角色就有角色形象。角色形象是在相应的社会规范和自我认知基础上表现出的较为稳定的行为范式和形象特征。如教师要教书育人、关爱学生、爱岗敬业，学生要勤奋学习、尊敬老师、团结同学，这就是在学校这个社会团体中彼此的角色定位所规定和形成的角色形象。家庭中丈夫要爱护妻子和孩子、关爱老人、勇敢大气，妻子要相夫教子、孝敬老人、温柔贤淑，这就是夫妻各自的家庭角色形象。

2. 职业形象

职业形象是指人在职场和公众面前树立的印象，具体包括外在形象、品德修养、专业能力和知识结构四方面。它通过人的衣着打扮、言谈举止、处理业务的能力反映其专业态度、技术和技能等。由于职业对人的重要性，职业形象在个体形象中具有非常重要的意义，不可忽视。

爱岗敬业是具备良好职业形象最基本的要求，做教师就应该为人师表，身教重于言教；做医生就应该有仁爱之心，救死扶伤，具有人道主义精神。精于本职工作是获得良好职业形象的重要基础。一个用心投入本职工作的人是可信任的、值得赞赏的，往往能获得良好的正面评价。具有和职业特征相吻合的职业行为和装扮，具有职业气质，是塑造良好职业形象的重要保证。职业形象应符合以下五个标准：与个人职业气质相契合，与个人年龄相契合，与办公室风格相契合，与工作特点相契合，与行业要求相契合。

3. 性别形象

人类性别分为男性和女性。男性形象由于受雄性激素影响，外在往往显得更高大强健，符合人们在审美观上对"强者"的定义，往往被视为应采取积极主动的。女性与男性相对，以骨骼纤小、音调细润、身体曲线优美为特征，女性是男性原始欲望追求的对象。异性相吸本为物种繁衍的必经过程，《诗经》"窈窕淑女，君子好逑"意思是说：体态美好、气质出众的女子，是品德高尚男子的好伴侣。

以下节选自毕淑敏的《男人和女人的区别》：男婴和女婴的区别，就在那小小的方寸之间。后来，男孩和女孩长大了，一个头发长，一个头发短；一个穿裙衫，一个穿短裤。这是他人强加给男人和女人最初的区别，他们其实还在混沌之中。后来，曲线们出来了，肌肉们出来了。这些名叫第二性征的桨，把男人和女人的涟漪渐渐划出互不相干的圆环。男人和女人的区别不在生理而在心理，不在外表而在内心，人类文明进程的天空愈晴朗，太阳和月亮的个性愈分明。男人和女人都做事业。男人是为了改造这个世界，女人是为了向世界证明自己。男人的胸怀大，所以他们有时粗心。女人的心眼小，所以她们会斤斤计较。男人的脚力好，所以他们习惯远行。女人的眼力好，所以她们爱停下来欣赏风景。男人和女人都吃饭。男人吃饭是为了更有力气，所以他们总是狼吞虎咽。女人吃饭是因为必须要吃，所以她们总是心不在焉。男人和女人都穿衣。男人穿衣是为了实用，所以他们冬着皮毛夏套短裤，只管自己惬意。女人穿衣是为了美丽，所以她们腊月穿裙子三伏披有帽子的风衣，很在乎别人的评论。无所谓高下，无所谓短长，无所谓优劣，无所谓输赢。各自沐着风雨，在电闪雷鸣的时候，打个招呼。

总之，男性和女性形象都应符合社会对性别的界定和要求，体现出各自鲜明的性别特征，在此基础上形成自身的特色和个性化性别风格，从而产生自己独特的魅力和吸引力。

4. 文化形象（礼仪形象）

文化形象是负载了相应的文化理念与要求的个体形象。当你进入一个陌生的房间时，即使这个房间里面没有人认识你，房间里面的人也可以通过对你外在形象的把握和判断得出关于你的结论：经济、文化水平如何；可信任程度如何，是否值得信赖；社会地位如何，老练程度如何；家庭教养情况，是否是一个成功人士。礼仪形象是个体形象的外在表现形式之一，礼仪形象的高低往往反映出一个人教养状况和素质高低。维系人们正常交往的纽带是礼仪形象。在人际交往中，外在的形态、容貌、着装、举止等是一种信息，在不知不觉中传给了对方，这些信息无疑会或好或坏地影响交际活动的全过程。由于个体在社会生活中所扮演角色的层次性和丰富性，个体礼仪形象也呈现出丰富性的特点，个体礼仪形象塑造也包含丰富的内容，主要包括以下方面。

（1）个人日常生活礼仪。这主要包括言谈、举止、服饰等方面的礼仪要求。

（2）家庭礼仪。礼仪在家庭及亲友交往范围内的运用就是家庭礼仪，它包括家庭称谓、问候、祝贺与庆贺、赠礼、家宴及家庭应酬等礼仪规范。

（3）社交礼仪。从家庭走向社会，进行社会交往，是礼仪行为向社会的拓展。社交礼仪通常包括见面与介绍的礼仪、拜访与接待的礼仪、交谈与交往的礼仪、宴请与馈赠的礼仪、舞会与沙龙的礼仪、社交禁忌等。

（4）公务礼仪。公务礼仪是人们在公务活动过程中所应遵循的礼仪规范，它存在着自身的特殊性。在礼仪的一般原则指导下，把握公务活动过程中特殊的礼仪规范，可以提高公务活动的效率和成功率。公务礼仪通常包括工作礼仪、办公室礼仪、会议礼仪、公文礼仪、迎送礼仪等。

（5）礼仪文书。礼仪文书是人们在日常交往过程中，用书信和其他文字方式表达情感的礼仪形式。通过礼仪文书，可以达到彼此交流思想、互通信息、加深友谊的目的。常用的礼仪文书有：礼仪书信，如邀请信、贺信、感谢信等；礼仪电报；请柬名片；贺年片；题词；讣告；唁电；碑文等。

（6）商务礼仪。商务礼仪与一般的人际交往礼仪不同，它体现在商务活动的各个环节之中。对于商业企业来说，从商品采购到销售再到售后服务等，每个环节都与本企业的形象息息相关。因此，商业企业及其每一个成员，如果能够时时按照商务礼仪的要求去开展工作，这对塑造商业企业的好形象，促进商品销售，将会起极其重要的作用。商务礼仪主要包括柜台待客礼仪、洽谈礼仪、推销礼仪、商业仪式等。

（7）习俗礼仪。不同的国家、不同的民族存在着不同的风俗习惯。了解这些风俗习惯，并在社交活动中自觉尊重这些风俗习惯，有助于促进交往的成功。习俗礼仪的内容主要包括日常生活礼俗、岁时节令礼俗、人生礼俗（如婚嫁礼俗和丧葬礼俗）等。

任务四　形象的重要性

　　习近平总书记曾指出，要注重塑造我国的国家形象，重点展示中国历史底蕴深厚、各民族多元一体、文化多样和谐的文明大国形象，政治清明、经济发展、文化繁荣、社会稳定、人民团结、山河秀美的东方大国形象，坚持和平发展、促进共同发展、维护国际公平正义、为人类作出贡献的负责任大国形象，对外更加开放、更加具有亲和力、充满希望、充满活力的社会主义大国形象。"形象对于个人、组织乃至一个国家都有十分重要的意义。

一、形象是个体成功的助推器

　　形象直观地反映了个体的素养，是个体素养最直观的载体，将个体的价值观念、审美水平、生活情趣、欣赏品位等表露无遗。形象即是竞争力，认识的规律是由表及里、由浅入深，具有良好的形象将更容易吸引别人的注意力也更容易赢得别人的好感，并在激烈的竞争中胜出。文明的特质就在于把外在的统一规范和内在的自省要求结合起来，使个体成为社会文明的检验器。随着文明程度的提升、审美意识的增强、生活水平的提高和科学技术的发展，现代人在形象塑造的意识、手段和能力上远胜古人。全方位、日常化、生活化、细节化的形象塑造，已经成为衡量现代人文明程度和生活水平的突出标签之一。

二、形象作为新的产业要素，催生新的产业形态

　　对于地区形象或企业形象来讲，任何有利于提升其形象，有利于形象资源利用的行为，都可能成为形象产业的活动内容，而进行这样的活动的行业就可以称为形象产业，如美容美发业、广告业、公共关系业、形象咨询业。对于个人来讲，个人所接受的一切教育和培训，都会对个人的形象产生不同程度的影响，然而，将对个人的一切形式的教育和培训产业都归为形象产业，范围又过宽。所以，我们只将作为形象主体的个人，为了自身的形象完美，专门寻求特种服务时，能够提供这种有形或无形服务的行业，称为形象产业。个人形象产业起源于欧美国家，中国自20世纪80年代末以来，开始出现形象设计人员，他们一般从美容、化妆、服装设计等职业衍生而来，从业余到专业，从擅长一门到注重整体，根据个人整体风格为顾客打造最适合的外在形象。

人物形象设计作为一门新兴的综合艺术学科，正在走进我们的生活。无论是政界要人、商界领袖等公众人物，还是平民百姓，都希望有良好的个人形象。掌握了人物形象设计的要素，就等于掌握了形象设计的艺术原理，也就等于找到了开启形象设计大门的钥匙。人物形象设计的要素包括体型要素、发型要素、化妆要素、服装款式要素、饰品配件要素、个性要素、心理要素、文化修养要素等。这就衍生和推动了相关行业和职业的发展，如出现个人形象工作室、广告公司、行业色彩技术岗位、形象咨询顾问、化妆讲师、时尚俱乐部、时尚媒体、公关公司、化妆品公司、摄影工作室、娱乐演出公司、服装公司、服装零售店、影视人物造型、产品开发策划工作室、婚庆机构、城市规划研究部门等。

三、专业知识 + 形象气质 = 工科学生成功的保证

个人形象对现代人来说，越来越重要了。那些不重视个体形象的人，不懂得必要的礼仪知识的人，无论在事业上或生活中都可能给自己带来损失。举一个例子，毕业时大家肯定要去找工作，如果你胡子不剃，穿着脏衣服、踢着拖鞋就去面试，面对面试官也完全不顾个人形象，随随便便，这样会给对方留下什么好印象呢？也许话都没说就让你走了，因为这打扮说明你对这份工作不够渴望。

美化个人形象，提高礼仪素养是对别人的尊重，也是对自己的尊重。学会设计和塑造良好的个人形象，提高自身礼仪文化素养，可以帮助我们获得友谊、获得信任、获得良好的社会评价，为个体的发展的加分。

良好的形象是美丽生活的代言人，是走向人生更高阶梯的扶手，是进入成功神圣殿堂的敲门砖。保持良好的自我形象，既是尊重自己，更是尊重别人。良好的形象是成功人生的潜在资本。好形象对自己而言，可以增强自信，并通过美丽的外表及恰当的行为来塑造自己，能够较容易地赢得他人的好感和信任，同时得来他人的帮助和支持，从而促进自己事业的成功，使自己的人生顺达。

四、现代公共关系对形象的高度重视

公共关系的核心是形象。礼仪学是从属于公共关系学科的一门分支学科，形象和礼仪是公共关系的双翼。那么什么是公共关系呢？公共关系指的是一个社会组织为了推进相关的内外公众对它的理解、信任、合作与支持，为了塑造组织形象，创造自身发展的最佳社会环境，利用传播、沟通等手段采取的各种行动，以及由此产生的各种关系。简而言之，公共关系是一种塑造形象和信誉的艺术，公共关系的核心意识就是形象和信誉意识。对于一个企业来说，要想让公众乐于接受，就必须首先树立形象，包括企业形象、产品形象、员工形象、领导形象和商标形象等。企业塑造组织形象不

是盲目的、随意的,"企业形象的建立,就如同鸟儿筑巢一样,从我们随手撷取的稻草杂物建立而成,别小看了这些稻草杂物般的细枝末梢,正是它们,奠定了一个企业形象的坚实基础"。塑造企业的形象有一套行之有效的企业形象管理策略,也就是企业形象策划,简称CIS(Corporate Identity System),CIS主要由企业理念识别(Mind Identity,MI)、企业行为识别(Behavior Identity,BI)和企业视觉识别(Visual Identity,VI)三部分构成。理念识别系统、行为识别系统、视觉识别系统构成了企业形象的核心,使组织形象由虚而实,可定义、可操作、可阐释、可物化、可宣传。

良好的企业形象,是企业一笔非常重要和宝贵的无形资产。它能为该企业的产品、成果和服务创造出消费信息,从而提高组织的市场竞争力,得到社会公众的认可。组织有了良好的形象,对内就有了凝聚力,对外就有了吸引力,当一个组织呈现出内外一片大好风貌的时候,自然就有了对社会公众的吸引力,尤其是拥有优质的产品和一流的服务,更能使自己的产品形象和舆论宣传深入人心。组织的知名度、美誉度越高,在发展的过程中就会吸引越多的投资者和更多的顾客,大家产生的依赖感和认同感就越强,组织在市场上占有的份额就越多,在市场竞争中尤其是同行竞争中就越不容易被打败。

专题二　形象美学

任务一　形象美学概念

一、美与美学

美，是指能引起人们美感的客观事物的一种共同的本质属性。在甲骨文中，"美"字是一个站立的人，头戴羽毛头饰。鲁迅先生曾经把"美"解释为"戴帽子的太太"。

美学是一个哲学分支学科。德国哲学家鲍姆加登在1750年首次提出美学概念，并称其为"Aesthetic"（感性学），也就是美学。美学是研究人与世界审美关系的一门学科，审美活动是人的一种以意象世界为对象的人生体验活动，是人类对美的本质、定义、感觉、形态及审美等问题加以认识、判断、应用的过程。美学属哲学二级学科，需要扎实的哲学功底，它既是一门思辨的学科，又是一门感性的学科，与心理学、语言学、人类学、神话学等有紧密联系。

二、形象美学

形象美学是研究人类个体或某个（某些）群体审美关系的学科。随着物质生活的不断满足和提高，人们在解决温饱后开始了对精神生活的追求，而对精神世界的追求无外乎一个字：美。现在人们追求美的境界越来越高，期冀美的方式也花样繁多。那么，到底什么才是真正的美呢？从内在涵养中所透出的美，才是真正的美。人们越来越注意自身的形象，就社会而言，是文明程度的标志；就个人而言，是修养与风度的表现。作为个人，需要追求自身形象的完美；作为企业，需要提升在社会公众心目中的整体形象。

三、形象美的四种境界

形象美有四种发展阶段，分别是本我之美、多变之美、气场之美、生命之美。

(一) 本我之美

什么是本我之美？每个人的意识里都有一颗"美"的种子，这是人性中天然就有的基因。从咿呀学语开始，我们就会被美的事物所吸引，总会不自觉地喜欢关于美的一切事物，这也是人的本性的外露。尤其是对于女孩子来说，美的天性更是与生俱来的。我们对于"美"会生出两种极端：要么对美毫无感觉，不知道如何让自己变美；要么热衷于追求美，自以为很美，用过多的个性妆容或服饰来让自己看起来很美。这两种对美的误解，都是比较极端的。我们在对美的尝试和追求中摸索出一些体会和心得，也明白了"舒适"和"扬长避短"的扮美法则。这一阶段我们称为形象美学中的"本我之美"。

(二) 多变之美

什么是多变之美？随着对"自我"更深入、更清醒地认识，我们掌握了一些服饰搭配的规律和技巧，也清楚了自己的身材特点、长相特征、肤色情况、气质类型。同时也对服装有了基本的认识，知道服装的款式、面料、色彩分别代表什么，也清楚服饰的不同风格和特点，最关键的是有了一定的审美，知道最适合的装扮风格，但是不满足于常年局限在某种特定的风格里。随着年龄的增长和见识的提高，我们对个人形象的要求也会变得更高。我们渴望着多变的穿搭造型，希望自己时尚美丽、得体优雅。想要打造多变之美，需要结合自身的色彩、风格，在能驾驭的最大范围内结合当下流行元素，融入不同风格，最终形成有自己属性的独特气质美来。一般来说，处在多变之美这个阶段是内心最不安定、最动荡的。我们通过服饰来传达着内心的不安和惶恐。经常追赶着最新潮流，企图用时尚来遮掩内心的慌乱，也试图用"优雅"和"精致"来给自己定位和加分。这一阶段称为形象美学中的"百变之美"。

(三) 气场之美

什么是气场之美？时间常常会赋予我们更多的感悟和成长，我们从不知所措到淡然接受，这时心态的变化对形象穿搭也有一定的影响。长时间浸淫在时尚和流行中，我们已经将审美和时尚的理念熟稔于心，并超越理论，不再被理论知识所绑架。我们甚至可以做到将看似毫无章法的各种异质元素混搭，在不同元素的碰撞中求得和谐，最终形成属于自己的风格，打造出只能让别人模仿而无法超越的个人独特形象。这时可以称为"个人风格"，也可以叫"气场之美"，一个人的气场是由内而外散发的，气场是看不见摸不着，却可以感受到的。我们能感受到一个人的气场之美，往往是因为她的内在和外在服饰达到了统一，也可以叫内外风格协调一致。在气场之美这个层面，服饰单品或元素会转化为个人的形象标志。比如珍珠之于 CoCo Chanel、丝巾之于赫本，这些和个人气质相符的元素就犹如本人一样，是具有相同特质的。气场也许是很虚的东西，但的确是真实存在的。力量和能力是它的另一个代名词，当一个人内心强大，有足够能量的时候,自然会外发这种"气场"。气场不一定是强势的,还可以是温柔坚定的,是善变的,这是一种无声的语言,是衣服和人合而为一的最高形象境界。这一阶段我们称为形象美学中的"气场之美"。

(四) 生命之美

什么是生命之美?对于形象美学中的生命之美来说,其实等于又回到了起点。能达到这个境界的人,对服饰的追求已经淡化。一袭简单的长裙也可以穿出美感,因为她们已经看透生命的无常和世事的变迁,不再需要外在的装饰来强调自己的强大。她们内心平淡如水,坦然接受命运的一切安排,不动声色地去追求和争取想要的一切。她们能真正做到宽容、淡然地去接受发生的一切,用最简单的理念和想法去享受"活在当下"的美感,可以借用庄子的一句话"天地有大美而不言"来描述这种状态。我们生活的这个世界是一个美妙的万花筒,至美、大美往往隐逸在最自然、最平凡的每一刻,一切都会消失,一切也都会重来。而我们每个人的生命,不管是以什么样的身体为载体,都是最原始美好的,也都是最纯洁朴实的。生命之美往往在我们的内心,最美的形象其实就是真实的自己。过多的外在装饰对于生命之美来说都是多余的。一个平淡、温暖的微笑,一双简单、粗糙有力的手,都是美的展现。我们走走停停,不停地去想要追求、想要索取,最后却会发现,一切的安定都蕴含在最平凡的每一日、每一餐、每一梦里时。其实,感受生命之美是"自我修心"的过程。同样,如何穿衣,怎么搭配,怎么更适合自己,怎么追求形象美,也都是内心在不停寻找自己的过程,是不断进步、不断长大的过程。这一阶段我们称为形象美学中的"生命之美"。

任务二　形象美学的主要内容

形象美学研究的中心范畴，包括美的本质和美的形态。美具体表现形态，包括社会美、自然美、艺术美、形式美、科学美等。

一、形象美的分类

（一）社会美

社会美是产生于现实生活之中的符合社会审美道德规范，具有崇高、壮丽、和谐等特点的美学风格，体现为行为美、语言美、心灵美、环境美等。车尔尼雪夫斯基说："美是生活。"强调的就是美的社会属性。人的美是社会美的核心，它可分为外在美和内在美两个方面：内在美包括人生观、理想、修养等，它需要通过外在的行为、语言、风度等形象表现出来；外在美主要是形式的美，它体现着内在美，但又具有相对的独立性。在人的美中，内在美是更根本、更持久的美。外在美与内在美的和谐统一是社会美的最高形态。

与自然美相比，社会美在内容和形式的关系上更偏重内容。社会美总是与那些反映人类历史发展方向的道德观和政治理想直接联系在一起。社会美与善密切相关，但不等同于善，它不具有直接的功利性，它把善作为个体高度自觉自由的行动，从而引起人们的审美愉悦。形象本身应该体现出社会美的特点，体现社会主流文化和价值观念对个体形象的要求和塑造。如"杀马特"形象和服饰风格就不符合社会主流审美价值要求。

（二）自然美

自然美是事物的客观属性所表现出的具有审美特性的特征和风格，这种美是外在的，不需要任何修饰，所谓天生丽质，不加修饰，浑然天成。构成自然美的先决条件是本身的肤色、身材、五官等先天遗传特征，后天通过锻炼、训练等，也可改变自然美的形态。自然美的形式是具体的、直接引发美感的，因此形式在自然美中占据突出和显要的地位。自然物之所以给人美感，往往与人们由此产生的联想有关，而且联想越丰富，越奇妙，这种美感就越浓烈。自然美具有变动不居的特点，许多形象的形态不是固定不变的，人们的观赏角度也是可以变化的，这就产生了自然美的易变性。

（三）艺术美

艺术美是自然美、社会美的转型与升华。例如，文学艺术作品是一种物态化了的人的审美意识，是一种有意味的形式，表现为精雕细琢、巧夺天工。"转型"是指艺术美是一种源于生活的美，艺术美所以能够产生，一是源于人的表现冲动，二是源于人的审美需要。"升华"是指艺术美源于自然美又高于自然美，形象审美中，人们容易将艺术中的形象代入现实生活，比如说某个女性有林黛玉般的美等。通过艺术美塑造形象，可能使某人在现实生活中被赋予艺术形象的优点或缺点。

（四）形式美

形式美指事物的物质性表现和外在特征既符合事物构成的客观规律，又符合基本的美学要素和要求，形状、色彩、线条、声音及其组合具有让人欣赏或赞叹的审美特性与表现力。如建筑物的对称整齐、人体五官的和谐优美、服饰搭配的赏心悦目等。形式美比其他形态的美更富于表现性、装饰性、抽象性、单纯性和象征性。

（五）科学美

科学美是指具有科学精神和科学理性不可辩驳的力量，说话做事严谨理性、逻辑实证、恰如其分、丝丝入扣。经过训练的礼仪美，本身就具有这样的特点。

二、个人气质形象美

气质是表现在心理活动的强度、速度、灵活性与指向性等方面的一种稳定的心理特征。气质在社会层面所表现的，是一个人发挥从内到外的内在人格魅力的质量升华。人格魅力有很多，比如修养、品德、举止行为、待人接物、说话的感觉等，所表现出的有高雅、高洁、恬静、温文尔雅、豪放大气、不拘小节等。所以，气质并不是说出来的，而且长久的内在修养以及文化修养的结合，是持之以恒的结果。气质可以分为以下四种类型。

（一）优美气质

优美气质是一种美好、美妙的美学风格和审美体验活动，具有和谐、安定、快乐、愉悦、宁静、统一的特点，在形式上往往表现为小巧、和谐、精致、轻盈、绚丽、清新、秀丽、优雅等特点，它是形象美追求的主要美学风格。

优美是人与世界和谐共存的情感满足和体验，在优美的状态下，主客体处于相对统一和平衡之中。优美的事物从内容上说，不表现为激烈的矛盾冲突，而是内容和形式的自由和谐统一；从感性形式上说，对于优美的事物，主体的感官可以自由把握，主体的力量可以自由驾驭。

优美在自然、人生和艺术领域也有不同的表现特征。一般说来，自然界中的优美侧重于外在的形式特征，如蓝天白云、碧波万顷是自然界的光影声色，可引起人们的心灵愉悦感和满足感。社会领域的优美，主要以真和善的统一为特征，侧重表现人的精神和心灵，是秀丽端庄的外表与人的内在精神、美好人格的统一。艺术领域中的优美主要是艺术的内容和形式的和谐统一，以优美和谐的艺术意境来打动人，引起人们心灵的和谐自由感。

优美的美学风格体现在形象美范畴，性格方面是知性与感性和谐统一，分寸感强，优雅迷人；形象方面是典雅飘逸、风格多变、乖巧可爱；仪表着装方面，善于搭配、富于变化、个性风格鲜明。

（二）壮美气质

壮美气质是指一种具有阳刚之美特质的雄伟壮丽的美学风格。它与优美相对，审美意蕴外显，情感力度强烈，具有奔放、大气、雄浑等特性。事物能使人有崇高、严肃、雄壮之审美感受者，皆可称为壮美。壮美与崇高之间有密不可分的关系：崇高为内在，是精神上的审美；壮美是外在，是感官上的审美。美学之中也常以崇高的美学风格替代壮美。

壮美凝结着人的浩然之气、英雄襟度和宽广胸怀，并往往表现为激昂、奋发、豪迈、乐观的生活态度，是一种正能量的人生追求与美学风格。孟子曰："我善养吾浩然之气。其为气也，至大至刚，以直养而无害，则塞于天地之间。其为其气也，配义与道，无是，馁也。""浩然之气"是一种伟岸磅礴的精神力量，其养之于人，可以威武不屈、贫贱不移、富贵不淫、摆脱卑俗、挺立于世；付之于诗文书画，则可贯通至大至刚的气势，达到雄伟豪壮之境界。

在形象美范畴之中，壮美表现在性格方面，体现为阳刚大气、干脆果断、胸襟开阔、不拖泥带水；表现在仪表着装方面，体现为干净利落、简明朴素、男子汉气质十足；在人际交往与礼仪方面，体现为豪爽大方、不拘小节、洒脱自然。

（三）柔美气质

柔美气质是一种具有优美柔和、明净温婉特点的美学风格，一般用来指代女性特有的性格特点和审美趣味。和壮美气质相对，柔美气质具有柔和、妩媚、细腻、轻柔、温润的特点。

在形象美领域，柔美的美学风格应用极为广泛，譬如亲和随意的着装，和谐优美的发型，细腻精致、女性化特征突出的配饰，轻声细语、不疾不徐的语言风格。

（四）另类美气质

另类美气质是比较现代、前卫，带有叛逆性、追求个性化的审美风格，具有非主流特点。产生另类美的思想基础是个人主义的价值观，性格基础是不拘一格、大胆自我的个性追求，美学基础是打破常规、求新求变。在形象美领域，另类美在年轻人中有一定市场。宽容和引导是对待另类美相对客观公允的态度。

三、内外兼修——提升形象美的途径

（一）注意提升形象品位

随着成长而由低阶到高阶，随着认识水平提升而由外而内、内外兼修，要注意使自己获得富有活力和魅力的立体形象。外表干净整齐、气质独特、以化妆为基础的自我修饰符合形象特点和身份，整体感觉赏心悦目。

（二）注重提升形式美赏识能力

学会挑选服饰和饰品，会化妆和打扮，有审美鉴赏能力和品位。说话和表述符合环境和身份，注意照顾对方的情绪和感受，用词准确、表述恰当、声线柔美。

（三）注重提升内在美以支撑个体形象

追求真、善、美，建设心灵美，熔铸气质美。注重内在修养和气质，有道德、有涵养，价值取向正确符合主流规范。

专题三 色彩基础

任务一 色彩的概念及属性

每当天气晴朗、阳光洒满大地时,周围的一切,总会使我们感到美好、爽朗;而当天气阴沉时,我们总觉得周围的一切都是灰蒙蒙、阴沉沉的,显得无生气、无活力,并且有点冷清,这时心情也是阴郁的。是什么原因让我们对相同的环境产生不同的情绪反应呢?其实是光的作用,光给生活带来了美,光给生活带来了色彩。

一、色彩的概念

色彩是光从物体反射到人的眼睛所引起的一种视觉心理感受。色彩按字面含义可理解色和彩,所谓色是指进入眼睛的光传至大脑时所产生的感觉;彩则指多色,是人对光的变化的理解。色彩是能引起共同的审美愉悦的最为敏感的形式要素。色彩可定义为通过视觉对光产生的知觉现象,不同波长的可见光引起人眼不同的颜色感觉。

色彩可以唤起人们有意识或无意识的生理和心理反应。这种反应既是瞬间性的,也是持续性的。人们可能会遗忘某种物品的材质、设计、细节等,但是会在很长一段时间里记住它的色彩。色彩作为设计里最清晰、最强烈、最刺激的要素,能最早被意识到并保持持续的记忆。对于色彩,人们会给出如喜欢、讨厌、漂亮之类的评价。评价主要是基于个人的喜好标准、生活环境以及生活经验。

色彩可以在很多领域里进行应用。实际上,我们的生活被各种产品和包装材料所包围。很多企业已经把色彩应用作为营销的重要手段之一,积极投身于对色彩的研究、开发和设计,以利用色彩的特性来牢牢抓住客户。

二、色彩的属性

由于光学物理反应,自然界的颜色是无穷无尽的,人类肉眼所能感知的色彩大概有 750 万~1 000 万种,可以分成有彩色系和无彩色系。无彩色系由黑、白、灰构成。

有彩色系包括红、橙、黄、绿、青、蓝、紫。

(一) 色彩的三个属性

色相、明度、纯度是色彩的三个属性。

色相（Hue）：指色彩的相貌。在色彩的三个属性中，色相被用来区分颜色。根据光的不同波长，色彩具有红色、黄色或蓝色等性质，这就是色相，如图 3-1 所示。

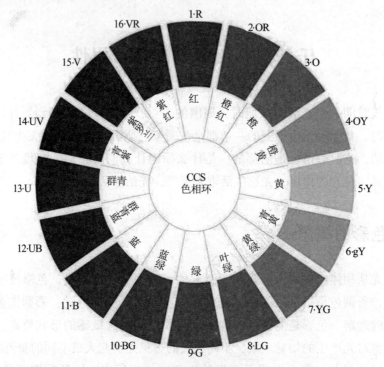

图 3-1 色相示意

明度（Value）：物体的表面反射光的程度不同，色彩的明暗程度就会不同。这种色彩的明暗或深浅程度称为明度。在孟塞尔颜色系统中，黑色的明度被定义为 0，而白色被定义为 10，灰色则介于两者之间，如图 3-2 所示。

纯度（Chroma）：也称彩度或饱和度，指色彩的饱和程度。光波波长越单纯，色相纯度越高；相反，色相的纯度则越低。色相的纯度显现在有彩色系里。在孟塞尔颜色系统中，无纯度被设定为 0，随着纯度的增加，数值逐步增加。色彩不同，最高纯度的数值也不相同，如图 3-2 所示。

高明度、高纯度的色彩给人以明朗、活泼之感，而低明度、低纯度的色彩给人的感觉是沉重和暗淡，中明度、中纯度的色彩则显得温和而柔弱。

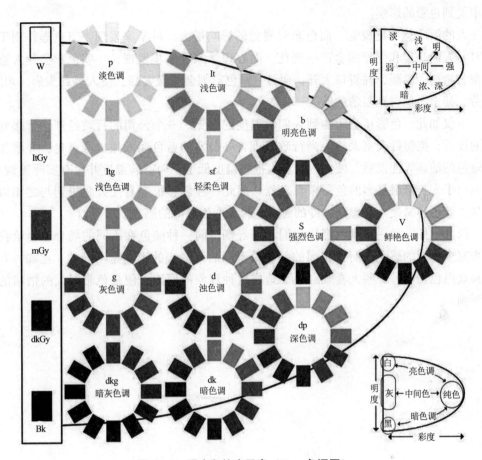

图 3-2　明度和纯度示意（Pccs 色调图）

(二) 色调

色调是色彩的调子，是色彩群外观色的基本倾向，也是明度和纯度的混合。

三、色彩小秘密：颜色对情绪的影响

颜色能够以不同的方式引起人们的共鸣。我们都有最喜欢的颜色，或在某个特殊的阶段经常使用的颜色。

大自然中充满了各种颜色，蓝色的天空、绿色的植物、五颜六色的花朵、黑色的小狗以及白色的羊群，实际上，人类就生活在一个充满色彩的世界里，即便是我们常常认为透明的日光，也是由不同色彩组成——1666 年，牛顿发现当日光经过菱镜时，会分成若干种颜色，这些颜色有不同的波长，而且不能再被分割。除了已经存在于自然中的色彩，人们还可以将各种颜色混合起来形成一种新的颜色。目前人类可以看到 700 万种颜色，也就是说，我们时时刻刻都在受到色彩的洗礼，我们的情绪也在潜移默化中受到色彩的影响。

　　人的第一感觉是视觉，而色彩对视觉的影响最大。科学家发现，当色彩作用于大脑时，人的心理和生理都会产生变化。而心理学家进一步发现，一些色彩会让人感到振奋、激动、温暖，并胃口大开；而另一些色彩则会刺激大脑，使人感到头痛、烦躁、疲劳，甚至会危害到眼睛的健康。

　　不仅如此，色彩还会影响到人们对温度的感觉。一个公司的行政经理经常接到同事的投诉，抱怨办公室太冷。当行政经理将办公室的蓝色墙面漆成浅黄色，并增加一些暖色的油画等摆设后，便再也没有人抱怨温度低了，而空调温度并没有实际被调高。这是由于人类接触最多的色彩来自自然，因此一种色彩很容易使人联想到与之相似的场景，蓝色容易使人联想到冰冷的海水，因此产生寒冷的感觉。

　　因此，并非每一种颜色都让我们心情舒畅，同一种颜色在不同的场合也会给我们带来完全不同的感受，而且相同的颜色对不同的人造成的影响是不同的。比如，有些人喜欢白色，而另一些人喜欢红色。造成这种现象的原因，便是色彩对人的情绪的巨大影响。

任务二 色彩的分类

一、无彩色系和有彩色系

丰富多样的颜色可以分成两个大类，无彩色系和有彩色系。

无彩色系是指白色、黑色和由白色与黑色调和形成的各种深浅不同的灰色。无彩色按照一定的变化规律，可以排成一个系列，由白色渐变到浅灰、中灰、深灰到黑色，色度学上称此为黑白系列。黑白系列中由白到黑的变化，可以用一条垂直轴表示，一端为白，一端为黑，中间有各种过渡的灰色。纯白是理想的完全反射的颜色，纯黑是理想的完全吸收的颜色。可是在现实生活中并不存在纯白与纯黑的物体，颜料中采用的锌白和铅白只是接近纯白，煤黑只是接近纯黑。无彩色系的颜色只有一种基本性质——明度。它们不具备色相和纯度，也就是说，它们的色相与纯度在理论上都等于零。色彩的明度可用黑白度来表示，愈接近白色，明度愈高；愈接近黑色，明度愈低。黑与白作为颜料，可以调节物体色的反射率，使物体色提高明度或降低明度。

有彩色系是指红、橙、黄、绿、青、蓝、紫等颜色。有彩色是由光的频率和振幅决定的，频率决定色相，振幅决定光强。

二、各种颜色引起的心理感受

色彩有它们固有的特性，是视觉传达中的一个重要因素，也是形象设计中的一个基本元素。当色彩组成一个丰富的色彩环境并作用于人们的视觉器官时，必然会出现视觉生理刺激和感受，由视觉反应引起思维变化，迅速引起人们情绪、精神乃至行为等一系列反应。这个过程必然受到思维者年龄、性格、经历、民族、风俗、地区、环境、修养等多方面因素的制约，也与社会环境、社会心理、社会物质文明等特征紧密相连。

（一）红色（Red）

红色使人联想起太阳、火花、鲜血、红葡萄酒、玫瑰等事物，它具有热情、活力、紧张、健康、生命、欢喜等抽象的感觉。一方面，红色作为刺激感官和充满热情的颜色，能使人感觉到力量和动力；另一方面，红色象征着攻击性情感和愤怒，给人以幼稚、野蛮和冲动的印象。

在服装设计中，红色主要用于休闲服，以此来满足其功能性和活动性的要求。在正式服装中，红色被当作一种强调色，用于表现人们强烈的个性。如果红色与无彩色中的灰色、黑色和白色等色彩进行搭配，就会塑造出精明的形象。

在化妆方面，鲜红色主要出现在中国和日本的传统戏曲——京剧和歌舞伎的妆容上。在日常化妆中，红色是一种强调色，主要通过眼影或者口红来表现情感。

（二）橙色（Orange）

橙色使人们联想起太阳、火花、柿子、夕阳、橘子等事物，它具有活力、丰富、友情、元气、健康、愉快、温馨等抽象的感觉。橙色的视觉效果比红色弱，但也能使人联想到火焰。因此，温暖而充满活力的橙色可以表现出精力旺盛的形象。橙色是年轻人非常偏爱的色彩，给人以热情奔放的印象。

在服装设计中，橙色主要运用在休闲服和运动服上。将橙色与红色、黄色一起搭配，可以充分表现出高科技的感觉。如果橙色应用在正式服装上，搭配连衣裙或饰品，可以展现出都市化的开放和精明的形象。

将橙色用在眼部，可以打造出优雅的妆容。

（三）黄色（Yellow）

黄色使人联想起阳光等事物，具有好奇、轻盈、幸福、注意、警告、轻率等抽象的感觉。一方面，黄色象征着光源和能量，可以表现出明朗、生动的形象；另一方面，黄色给人以轻薄和苍白的印象，人会因此显得有些神经质。

黄色被广泛运用在室内设计、装饰品和配饰等方面。在服装设计中，黄色主要应用在年轻人的休闲服和运动服上。黄色有着较强的视觉冲击力，因此也常被运用在防雨类服装上。在塑造华丽的女性形象时，可以用黄色的连衣裙营造视觉冲击力，以便最大限度地吸引人们的视线。

在化妆领域，黄色、绿色和橙色可以一起使用，以表现浪漫、可爱的妆容。

（四）绿色（Green）

绿色使人联想起草地、山峦、蔬菜等事物，具有沉着、健康、安定、知性、成熟等抽象感觉。绿色象征大自然，可以表现出充满希望与和平的安详形象。同时，绿色也是象征年轻与生命的色彩，给人以新鲜的感觉。

在服装设计中，各个年龄层都会用绿色，而年轻一代是绿色的主要倡导者，被广泛运用在舒适型的休闲服上。

绿色与黄色一起搭配，可以塑造出清爽、浪漫的妆容。绿色和深绿色进行搭配，可以营造出富有现代感的妆容。

（五）蓝色（Blue）

蓝色会使人联想起大海、蓝天等具体实物，具有宁静、寂静、神秘、冷静、永恒等抽象感觉。一方面，蓝色像大海和天空一样宁静而神秘，给人带来年轻、理智和希望等感觉；另一方面，蓝色属于冷色系，也给人带来冷静、忧郁、孤独等感觉。

在服装设计中，蓝色作为明亮色的代表被普遍运用在夏季服装上。如果蓝色和白色搭配的话，个人形象将会显得很清爽。深蓝色正装可以有效地塑造出端庄、干练的都市形象。

在化妆领域，蓝色多在夏天使用，而且主要以单个的蓝色进行点缀，从而营造出休闲的妆容。如果把不同程度的蓝色一起使用，妆容会充满现代感。

（六）紫色（Purple）

紫色会使人联想起葡萄、薰衣草等事物。一方面，紫色给人带来神秘优雅、华丽、高尚等感觉；另一方面，紫色又给人以孤独、悲伤、烦躁的感觉。此外，紫色还能表现出敏锐的艺术感。

在服装设计中，紫色可以表现出性感之美。穿着紫色礼服可以表现女性优雅、高贵的形象。为了表现出优雅、成熟的形象，可在化妆过程中多运用紫色。

（七）棕色（Brown）

棕色容易使人联想起土壤、大地、陶器、枫叶、庄稼等事物，给人带来朴素、保守和沉着的感觉。棕色作为表现民俗传统和温暖安定感的载体，象征着硕果累累的秋天。

在服装设计中，利用棕色拥有的朴素之感可以塑造忠厚的形象，但缺乏生动感。如果与一些鲜明色彩搭配进行装饰，便能增添朝气和活力。

在化妆领域，棕色多与黄色、橙色一同用作修饰性颜色，用来营造雅致的妆效。棕色与白色一同使用时，可以塑造出富有现代感的妆容。

（八）白色（White）

白色使人联想到婚纱、雪花、医院等具体实物，给人带来纯净、高贵、神圣、洁白等感觉。白色是洁净和纯洁的代表，表达和平之意。有时，白色还能引发人们的孤独感。

在服装设计中，白色因具有清洁、纯洁、纯净等象征意义，常用于婚纱和礼服，并能塑造出梦幻般浪漫的形象。虽然单一的白色服装显得简单，但使用不同的剪裁完全可以塑造出华丽的形象。白色和黑色进行搭配，可演绎出富有现代感的形象。

在化妆领域，白色的使用范围最广。在阴影妆中，它是最基础的颜色，可塑造出整体上富有立体感的面部妆容。

（九）黑色（Black）

黑色使人联想到黑玫瑰、木炭、丧服等事物。作为夜的代名词，黑色给人带来黑暗、不安、恐惧、死亡、权威、虚无等抽象的感觉。

黑色与其他颜色搭配可以表现出较鲜明、强烈的形象。作为正装的经典色，黑色能表现出沉稳、严肃的形象。

在化妆领域，如果要想塑造现代形象或者表现有深度的眼神时，人们普遍使用黑色与其他颜色的组合色。

三、色调形象

色调是对色彩的明度和纯度的整体表现。色调分为鲜艳、明亮、朴素和深暗四种。

（一）鲜艳的色调

鲜色调和艳色调属于纯度最高的鲜艳色调，适合营造华丽、明快、强烈和具有刺激性的形象。它能表达出大胆和自由的气质以及强烈的主观意识。这组颜色在夏装和运动装中使用得比较广泛，同时也在艺术妆和形象妆中大量运用。在彩妆中，它们大多仅仅作为局部的强调色加以运用。

（二）明亮的色调

亮色调、淡色调和苍白色调是在纯色里加入不同量的白色，都是明亮的色调。它适合演绎新鲜、明朗、健康、柔美和细腻的形象。这种形象比较温和，充满女性气息，同时也有浪漫、温馨之感。使用该色调的颜色，可以轻易打造出梦幻的感觉。由于色彩本身就很温和、轻盈和自然，所以即使和差别较大的颜色进行搭配，也不会显得突兀，反而能够营造出服装的高档感。明亮的色调应用在化妆方面，可以表现出柔美或少女感的清新形象。

（三）朴素的色调

浅灰色调、浅色调、灰色调和浊色调是在鲜艳色中加入灰色而形成的朴素的色调。这种色调就像被阳光晒褪色了一样，充满幻想，模糊且宁静。朴素的色调能够体现出独有的充实感和成熟感，可表现中规中矩而不失个性以及朴素、不张扬而又都市化的形象。在妆容方面，朴素的色调可以用来表现朴素而自然的形象，其中的冷色部分可以用来塑造现代感强的妆容。

（四）深暗的色调

深色调和暗色调可以表现朴素、阳刚、坚定和沉重等形象以及这种形象所特有的严肃感。深暗的色调缺少华丽感，偏向朴素。由于这种色调各个颜色之间的区别不是很大，即使很多颜色一起搭配也不会显得太突兀。颜色本身的个性表露并不是很突出，普遍适用于塑造沉着、传统的形象，如各种商务服装。在化妆领域，人们主要用它来打造刚强、好胜、性感的妆容，普遍应用于艺术妆中。

四、色彩的冷暖

　　色彩的冷暖感主要取决于色相。色彩可以分为暖色、冷色和中性色。一般来讲，波长较长的色彩显得比较温暖，而波长较短的色彩则显得比较冰冷。根据周围环境的变化，浅绿色、绿色、紫色、紫红色等色彩既可以显得温暖，又可以显得凉爽，这些色彩都属于中性色。暖色系的代表颜色有红色、橙色和黄色，这些颜色不仅能给人以温暖的感觉，还具有刺激神经的作用，代表热情、积极、奋发、兴奋、温馨、外向、积极、厚重、刺激、活跃、努力、主动……；冷色系中的青色、蓝色、青绿色等颜色，代表消极、安静、松弛、幽深、沉着、内向、轻淡、后退、收缩、冷漠、思念、凄凉、沮丧、忧郁、平衡、庄严、冰凉、干净……。

任务三 色彩的运用

一、寻找自己的色彩

20世纪初,美术设计学府包豪斯学校(Bauhaus School)的约翰内斯·伊顿教授开始进行色彩分析,判断什么是适合自己的色彩体系,个人色彩理论由此产生。1928年,美国的罗伯特·道尔把色彩的基本色调概念引入室内装潢领域。从此之后,色彩配色系统开始广为流传。

个人色彩立足于色彩的基本色调。色彩的基本色调指在整个色彩中带有共同感的色彩搭配。

个人色彩主要指能让肤色呈现出健康状态的颜色。它是能带来自然印象的和谐颜色,是视觉上显得健康的颜色。因此,分析个人色彩最基本的目的是通过摸索而寻找到一种适合的颜色,让肤色显得更加健康。

根据皮肤、头发、眼睛的颜色,可以判断出适合自己的颜色。如果将这种颜色应用到服装上,能塑造出适合自己的美丽形象。

二、三基色理论

在分析个人色彩的过程中,最基本的前提是判断出皮肤的基本色调。基本色调可大致分为肤色泛蓝的蓝色基调、肤色发黄的黄色基调以及介于两者中间的无色调三种。

(一)色彩的对比度

色彩的对比度主要取决于肤色和发色的明度差异。除脸色之外,脸型也会影响个人的色彩基调。一般来说,肤色越明亮,发色越黑,色彩的明度差就越大,而对比度也就越高,如眼睛大的人和眉毛浓的人对比度就略大一些。换言之,肤色、发色和发质、眼睛等是决定对比度的重要因素。根据对比度的高低,可以判断出个人色彩。

根据对比度不同,个人色彩可以分成浅色型、鲜明型、灰暗型和暗色型四种。

浅色型(Light)比较温和,明度差异比较小,对比度低;鲜明型(Vivid)的明度差异大,对比度高;灰暗型(Grayish)介于浅色型和鲜明型之间,显得暗淡无光;暗色型(Dark)指像被阳光晒过一样的健康肤色,明度差异很小,对比度中等偏上。对比度与PCCS的关系如表3-1所示。

表 3-1 对比度与 PCCS 的关系

对比度	形象类型	与 PCCS 的对应基调
对比度低	浅色型	淡色调、浅色调
对比度不明显	灰暗型	轻柔色调、浅灰色调、浊色调、灰色调
对比度中等偏上	暗色型	深色调、暗色调、暗灰色调
对比度高	鲜明型	明亮色调、强烈色调、鲜艳色调

(二) 三基色的类型

肤色和发色的对比度决定着三基色的类型。黄色基调、蓝色基调和无色基调，再加上对比度的差异，从而形成浅色、朴素色、华丽色、暗色等颜色，它们共同组合出对应的类型，如表 3-2 所示。

表 3-2 三基色的类型

类型	黄色基调	无色基调	蓝色基调
	忌蓝色基调色彩	黄色、蓝色基调均可	忌黄色基调色彩
浅色型	色彩搭配：柔和色中带有亮黄色气韵的色彩搭配 妆色：浅褐色（米黄色）或橙色系妆色 饰品：柔和的金色饰品	色彩搭配：两种色系里浅色中带有亮色的色彩搭配 妆色：黄色和蓝色基调的亮色都可以自如应用 饰品：精致而柔和的饰品	色彩搭配：淡色中带有亮蓝色气韵的色彩搭配 妆色：蓝色基调的基本妆或浅色系带有珍珠色的妆色 饰品：设计精致的银色饰品
灰暗型	色彩搭配：柔和色加上具有民族特色的色彩搭配 妆色：浅褐色（米黄色）或棕色系妆色 饰品：无光泽的金色饰品	色彩搭配：以柔和色为主的黄色基调和灰色类型的蓝色基调之间的色彩搭配 妆色：柔和的自然妆色 饰品：无光泽的金属饰品	色彩搭配：蓝色基调色彩和朴素色彩之间的搭配 妆色：以蓝色基调为基础的自然妆色 饰品：无光泽的银饰品
暗色型	色彩搭配：黄色基调中深色和棕色系的色彩搭配 妆色：橙色或棕色系中的暗色妆色 饰品：深色调的金色饰品	色彩搭配：暗色调中带有深度的色彩搭配 妆色：深暗色调妆色 饰品：深色透明感的饰品	色彩搭配：黑色和稍暗色彩直接的色彩搭配 妆色：蓝色基调以及深酒红色妆色 饰品：银色或透明感饰品

续表

类型	黄色基调	无色基调	蓝色基调
	忌蓝色基调色彩	黄色、蓝色基调均可	忌黄色基调色彩
鲜明型	色彩搭配：鲜艳色彩、橙色系和对比强烈的色彩搭配 妆色：橙色为主，呈现亮感色彩妆色 饰品：有光泽感的金属饰品	色彩搭配：鲜明色调带有亮感的色彩搭配 妆色：黄色和蓝色基调的亮色都可以自如应用 饰品：有光泽感和质感饰品	色彩搭配：对比度较高的色彩搭配 妆色：用蓝色基调里略深的妆色强调眼部的妆效 饰品：有光泽的银色或宽大的饰品

（三）三基色在人体的体现

1. 肤色

皮肤中的血红蛋白、胡萝卜素和黑色素共同决定一个人的肤色，其中黑色素的作用最大。如果血红蛋白较多的话，肤色会显得红润；如果血红蛋白量少，则会显得苍白；静脉血液流通不畅，人的脸色会发青或发黑。一旦皮肤表皮层的黑色素增加，肤色会偏向黄褐色或褐色；如果胡萝卜素增多，皮肤的颜色将变成黄色。

黄色基调肤色属暖色系（Warm Shade Color），这类肤色是带有橙色的健康型皮肤；蓝色基调肤色属冷色系（Cool Shade Color），这类肤色是缺少红润感的皮肤；无色基调肤色是处在蓝色基调和黄色基调中间的自然色的皮肤。

2. 发色

毛发会因为人种的不同而有所差别。不仅如此，即便在同一人种中，头发也会因为黑色素的差异而呈现出不同的颜色。黑色素不仅对头发有着色的功能，还可以避免头皮因过度的紫外线照射而受伤。一般来说，人的头发一个月内可以长 1.5~2cm。

对于东方人而言，发色的分类比肤色简单，可分为黑色、棕色和灰色三种。无色基调人种的发色介于黑色和褐色之间，通常，头发显得不那么黑，属于酒红色系。

3. 瞳孔色

在个人色彩诊断体系中，瞳孔的颜色指的是虹彩的颜色。虹彩也含有很多黑色素。当眼珠进行舒缓收缩运动时，瞳孔的大小也跟着发生变化，到达视网膜的光的数量也随之变化。白色人种的瞳孔呈青色、灰色等，而东方人的瞳孔基本上呈黑色、深棕色或者褐色。

三、四季色彩理论

季节色彩理论是诊断个人色彩的另一种方法。"四季色彩理论"是当今国际时尚界十分热门的话题，它由被誉为"色彩第一夫人"的卡洛尔·杰克逊女士发明，并迅速风靡欧美，后由佐藤泰子女士引进亚洲。季节色彩是以皮肤的基本色调（蓝色基调、黄色基调和无色基调）分类为基础，把生活中的常用色按基调的不同进行冷暖划分，进而形成四大组自成和谐关系的色彩群。由于每一色群的颜色刚好与大自然四季的色彩特征吻合，因此，便把这四组色群分别命名为"春季型"（暖色系）"秋季型""夏季型""冬季型"。这个理论体系对于人的肤色、发色和眼珠色等色彩属性同样进行了科学分析，总结出冷、暖色系人的身体色特征，并按明暗和强调程度把人体分为四种类型（当然有过渡类型的人），分别找到和谐对应的"春、夏、秋、冬"四组装扮色彩。季节色彩理论并不是把一个人框定在一个固定的色彩范围里，它的真正意义在于，为一个人指明其自身的用色规律，提升人们驾驭色彩的能力，它会让你清清楚楚地知道，哪些颜色是自己的最佳颜色，哪些颜色是自己的次佳颜色，而哪些颜色是并不适合自己。这样，自己便完全可以在生活中巧妙运用色彩，在需要的场合彰显自己，并明白当用上并不适合自己的颜色时，应该想办法用巧妙地化妆、配饰去调整。

（一）春季型（Spring Type）

春季型的颜色群——明亮鲜艳：万物复苏，百花齐放，柳芽的新绿，桃花、杏花的粉嫩……，一组明亮、鲜艳的俏丽颜色给人以扑面而来的春意和愉悦，构成了一派欣欣向荣的景象。

春季型人给人的第一印象是可爱、轻快、朝气蓬勃。春季型人与大自然的春天色彩有着完美和谐的统一感，使用鲜艳、明亮的颜色打扮自己，比实际年龄显得年轻，给人以、活泼、娇美、鲜嫩的感觉。

1. 春季型人的身体色彩特征

肤色和发色比较亮，属于黄色基调。肤色淡而黄，浅象牙色或粉色，肤质质地细腻，具有透明感，较容易出现雀斑，脸上呈现珊瑚粉色、鲑鱼肉色、桃粉色的红晕；眼睛呈明亮的茶色、黄玉色、琥珀色，眼白呈湖蓝色，瞳孔呈棕色，眼神活跃、灵动；头发呈明亮如绢的茶色，柔和的棕黄色、栗色，发质柔软；嘴唇呈珊瑚色、桃红色，自然唇色比较突出。

2. 春季型人的色彩搭配原则

春季型人有着明亮的眼睛、桃花般的肤色，使用范围最广的颜色是黄色，选择红色时应以橙红、橘红为主,在色彩搭配上应遵循鲜明、对比的颜色来突出自己的俏丽。

3. 春季型人的用色范围

春季型人属于暖色系的人,比较适合以黄色为主的各种明亮、鲜艳、轻快的颜色。驼色、亮黄绿色、杏色、浅水蓝色、浅金色都可以作为主色穿在身上而突出淡雅、轻盈、温馨的感觉。富有青春朝气与魅力,与春暖花开的大自然相得益彰。妆色以橘色、桃红色为佳;亮金、富有光泽的首饰最宜搭配。

错误的搭配效果:因为自己白,便以为穿纯色、深色的衣服能衬托自己的肤色,这种浓重的纯色和深色,恰恰会突出没有血色的脸,失去应有的生机与活力。记住,春天的色中没有黑色,可用较重的蓝色、棕色、驼色来代替。

过深、过重的颜色与春季型人白色的肌肤、飘逸的黄发搭配会不和谐,使春季型人十分黯淡。如果现在衣橱里还有深色服装,可以把春季色群中那些漂亮的颜色靠近脸部下方,与之搭配起来穿。

春季型人适合的白色是淡黄色调的象牙白。在淡热的夏天穿上象牙白的连衣裙,搭配橘色的时尚凉鞋与包,会形成鲜明的对比,让春季型人俏丽无比。

春季型人在选择灰色时,应选择光泽明亮的银灰色和由浅度至中度的暖灰色;它们与桃粉、浅水蓝色、奶黄色相搭配,会体现出最佳效果。

春季型人适合带黄色调的饱和明亮的蓝色。浅淡明快的浅绿松石蓝、浅长春花蓝、浅水蓝适合鲜艳俏丽的时装和休闲装;而略深一些的蓝色如饱和度较高的皇家蓝、浅海军蓝等,适合用于职场。穿蓝色时与暖灰、黄色系相配为佳。

春季色彩群中保守的浅驼色套装可同时与鲜艳的浅绿松石色、淡黄绿色、青金色、橘红色相互组合搭配。

在秋冬季,春季型人可以将驼色作为裤装或鞋子的颜色,上半身可以多用春季型人的鲜艳、明亮的色彩。

(二) 夏季型(Summer Type)

夏季型的颜色群——柔和淡雅:碧蓝如海的天空,静谧淡雅的江南水乡,轻柔写意的水彩画……,是大自然赋予夏天的一组清新、淡雅、恬静、安详的色彩。

夏季型人属于蓝色基调,让人感觉有些冷漠。但从整体上看,夏季型人也可表现出温柔、亲切、温和的女性形象。

1. 夏季型人的身体色彩特征

皮肤呈现玫瑰粉的红晕,白皮肤中泛着小麦色,头发柔软而带黑色或深棕色,属于蓝色基调。肤色粉白、乳白色带蓝调;眼睛整体感觉温柔,眼珠呈焦茶色、深棕色;头发为轻柔的黑色、灰黑色或柔和的棕色、深棕色;嘴唇一般呈玫瑰粉色。

2. 夏季型人的色彩搭配原则

夏季型人的身体色特征决定了柔和、淡雅的颜色才能衬托出她们温柔、恬静的气质。在色彩搭配上，最好避免反差大的色调，适合在同一色相里进行浓淡搭配。

3. 夏季型人用色范围

夏季型人的属性偏冷色，最佳色彩为蓝、紫色调，不适合有光泽、深重、纯正的颜色，而适合轻柔的浅淡色。妆型宜用偏玫瑰粉的冷米色，包括腮红、口红也应统一在浅玫瑰红的色系中。夏季型人最忌浓妆重彩，庄重色刻画的是呆板的形象，会掩盖夏季型人温柔可人的气质；咖啡色系的着装，做作感太强，易失去自然本性；咖啡色眼影，让夏季型人给人以眼睛浮肿、精神颓废的感觉；红、黑、白色，对夏季型人不保险。

夏季型人适合柔和且不发黄的颜色。选择黄色时，一定要慎重，应选择让人感觉稍微发蓝的浅黄色。选择红色时，以玫瑰红色为主。用蓝色基调扮出温柔雅致的形象。夏天自然界中的常春藤、紫丁香花以及夏日海水和天空等浅淡的自然颜色，最能与夏季型人的肤色相融合，构成一幅柔和素雅、浓淡相宜的图画。夏季型人适合深浅不同的各种粉色、蓝色和紫色，以及有朦胧感的色调。夏季型人不适合黑色，过深的颜色会破坏夏季型人的柔美，可用一些浅淡的灰蓝色、蓝灰色、紫色来代替黑色，这些色调的职业套装，既雅致又干练。

夏季型人适合乳白色，在夏天穿着乳白色衬衫与天蓝色裤裙会产生一种朦胧的美感。

夏季型人穿灰色非常高雅，但要注意选择浅至中度的灰；不同深浅的灰与不同深浅的紫色及粉色搭配最佳。

蓝色系对夏季型人非常适合，颜色的深浅程度应在深紫蓝色、浅绿松石蓝之间把握；深一些的蓝色可作大衣、套装，浅一些的蓝色可作衬衫、T恤衫、运动装或首饰；但注意夏季型的人不太适合藏蓝色。

紫色是夏季型人的常用色，可选择蓝紫色作为裤装和鞋子，上半身选择色彩群中的浅紫色、淡蓝色、浅蓝黄、浅正绿色，既有浓淡搭配，又有相对柔和素雅的对比搭配。

（三）秋季型（Autumn Type）

秋季型的颜色群——浑厚浓郁：枫叶红与银杏黄相辉映的秋天，整个视野都是令人炫目的充满浪漫气息的金色调。金灿灿的玉米与泥土的浑厚、山脉的深绿，交织演绎出秋天的华丽、成熟与端庄……。

秋季型人给人的感觉是成熟、稳重、富态，拥有具有内涵和深度的温柔形象。秋季型人的眼神很稳，神态端庄，配上深棕色的头发，与秋季原野黄灿灿的丰收景色和谐一致,是四季色中最成熟、华贵的。

1. 秋季型人的身体彩色特征

肤色是黄色系中的棕色,发色是深棕色或泛红色光的黑色,而瞳孔的颜色则是深棕色或黑色,属于黄色基调。肤色呈瓷器般的象牙色、深橘色、暗驼色或黄色;眼为深棕色、焦茶色;眼白为象牙色或略带绿的白色;头发是棕色或者铜色、巧克力色;嘴唇呈铁锈色、砖红色。

2. 秋季型人的色彩搭配原则

秋季型人是四季色中最成熟和华贵的,越浑厚的颜色越能衬托秋季型人瓷器般的皮肤,最适合的颜色是金色、苔绿色、橙色等深而华丽的颜色。秋季型人穿用与自身色特征相协调的暖色系颜色,会显得自然、高贵、典雅。秋季型人的服饰基调是暖色系中的沉稳色调,浓郁而华丽的颜色可衬托出秋季型人成熟高贵的气质。

3. 秋季型人的用色范围

秋季型的皮肤色彩属性偏暖色。秋天是由一组成熟、浓郁、深遂、时尚的色彩组成,与秋季型人的肤色搭配,可以尽显秋季型人成熟、高贵、妩媚、温厚的韵味。反之,搭配纯正的灰白色、灰或浅色会不和谐,秋季型人主要是靠暖色系来提高自身的亮点,穿冷色系服装自然失去装饰效果。

选择红色时,一定要选择砖红色和与暗橘红相近的颜色。秋季型人选择自己颜色的要点是:颜色要温暖、浓郁——用浑厚浓郁的金色调扮出成熟高贵的形象。秋季型人的发质黑中泛黄,眼睛为棕色,目光沉稳,有陶瓷般的皮肤,绝少出现红晕,与秋季原野黄灿灿的丰收景象和谐一致。

在服装的色彩搭配上,秋季型人不太适合强烈的对比色,只有在相同或相邻色相的浓淡搭配中才能突出华丽感。

秋季型人穿黑色会显得皮肤发黄,秋季色彩群中的深砖红色、深棕色、凫色和橄榄绿可用来替代黑色和藏蓝。

秋季型人的白色应选择以黄色为底调的牡蛎色,在春夏季与色彩群中稍柔和的颜色搭配,会显得自然而格调高雅。

灰色与秋季型人的肤色排斥感较强,如穿用,一定挑选偏黄或偏咖啡色的灰色,同时注意用适合的颜色过渡搭配。

秋季型人适合的蓝色是湖蓝色系,又名凫色,与秋季色彩群中的金色、棕色、橙色搭配,可以衬托出秋季型人的隐重与华丽。此外,沙青色等纯度不强的颜色也是不错的选择。

秋季型人以保守的棕色为主色调,与深金色、凫色、葡萄绿、驼色做不同组合搭配,可体现秋季型人的成熟与华丽。

以秋季型色彩群中较为鲜艳的皂色为主色调,可与色彩群中其他多种鲜艳色搭配。如,穿棕色系的裤装和鞋子,秋季型人上半身可选择穿橙色、森林绿、珊瑚红的毛衣、大衣和外套。

(四) 冬季型 (Winter Type)

冬季型的颜色群——冷峻冷艳:艳丽的国旗、洁白的雪花、乌黑的夜幕,把冬季鲜明比照的主题表现得淋漓尽致。缤纷耀眼的圣诞树上那些纯色的装饰,表明冬季色彩热烈、分明、纯正的性格。

冬季型人给人的感觉是清澈、强烈、干练、开朗、引人注目,具有都市感及开放性派头。冬季型人黑发白肤与眉眼间锐利鲜明的对比,充满个性和吸引人的外表,演绎出干练、艳丽的特质,常常成为中心人物。

1. 冬季型人身体色彩特征

肤色白皙泛蓝光,发色较黑,眼球亮黑,目光锐利,属于蓝色基调。肤色呈青白色或略暗的甘蓝绿泛青的黄褐色皮肤,脸上不易出现红晕;眼睛黑白分明、目光锐利,眼珠为深黑色、焦茶色;头发乌黑发亮,多为黑褐色、银灰色、酒红色;嘴唇呈酒红色或玫瑰红色。

2. 冬季型人的色彩搭配原则

冬季型人最适合纯色,在各国国旗上使用的颜色都是冬季型人最适合的色彩。选择红色时,可选正红、酒红和纯正的玫瑰红。在四季颜色中,只有冬季型人最适合使用黑、纯白、灰这三种颜色,藏蓝色也是冬季型人的匹配色。但在选择深重颜色的时候一定要有对比色出现。

3. 冬季型人用色范围

冬季型的皮肤色彩属性偏冷色。一组白与黑、绿与红等有对比感的色彩,与冬季型人的肤色搭配,才能演绎出冬季型人惊艳、脱俗、干练、艳丽的特质。最适合用鲜明对比、饱和纯正的颜色,无彩色以及大胆热烈的纯色系非常适合冬季型人的肤色与整体感觉。反之,以咖啡棕色为主调,深驼色外套配浅驼色衬衣,咖啡色暖米色相间的套装,暗棕、焦棕、暗番茄红、铁锈红长裙、长裤完全违背了冷调,把自己偏白的肤色衬托得如生病的黄色,埋没了应有的亮丽。

冬季型人选择颜色的要点是:颜色要鲜明并具有光泽。用原色调扮出冷峻惊艳的形象。冬季型人有着天生的黑头发,锐利有神的黑眼睛,几乎看不到红晕的肤色,这几大特点构成冬季型人的主要标志。雪花飘飞的日子,冬季型人更易装扮出冰清玉洁的美感。

冬季型色彩基调体现的是"冰"色,即塑造冷艳的美感。原汁原味的原色,如从宝石蓝、黑、白等为主色，冰蓝、冰粉、冰绿、冰黄等皆可作为配色点缀其间。冬季型人通过搭配会显得惊艳、脱俗。

冬季型人适合纯白色。纯白色是国际流行舞台上的惯用色，通过巧妙的搭配，会使冬季型人奕奕有神。

深浅不同的灰色冬季型人都能用，与色彩群中的玫瑰色系搭配，可体现冬季型人的都市时尚感。

藏蓝色是冬季型人的专利色，适合作为套装、毛衣、衬衫、大衣的用色。

如选择基础色中的深灰色作为主色调，可与白色、亮蓝色、亮绿色、柠檬黄、紫罗兰色进行搭配。

以鲜艳、纯正的正绿色为例，冬季型人可以大胆尝试让其与冰绿色、柠檬黄、蓝红色进行搭配。

黑色是冬季型人裤装的专利，同时与鲜艳明亮的颜色搭配，是冬季型人适合的明度对比手法。

一个人如果知道并学会运用自己的色彩群，不仅能把自己独有的品味和魅力最完美、最自然地显现出来，还能因为通晓服饰间的色彩关系而节省装扮时间、回避浪费。重要的是，由于清楚什么颜色最能提升自己，什么颜色是"排斥色"，你会轻松驾驭色彩，科学而自信地装扮出最漂亮的自己。

四、化妆颜色搭配

（一）化妆的色彩要与个人内在气质相吻合

每个人都有不一样的气质，不同色彩也有它所代表的特点，清纯可爱的人，可以选择白色系的化妆色彩；高雅秀丽者，可以选择玫瑰或紫红色系的色彩。

（二）化妆的色彩要与个人的年龄相吻合

小女孩应该尽量使用淡色，如天蓝色系；年龄稍大的女孩，可以使用较鲜艳的色彩，这样才能给人醒目的感觉，看起来也比较成熟。

（三）化妆色彩要与个人的皮肤相吻合

1. 粉底的选择

可以用下颌与颈部连接的部位来试粉底的颜色，最好与自己的肤色相同，或比肤色浅一度。

2. 腮红的选择

对于皮肤比较白的人，应该选择粉色系，肤色较深的人，应该选择咖啡色系，银光的腮红可以在额头等部位使用。

3. 口红的选择

浅色有银光的口红，会使嘴巴显大。皮肤比较黑的人，千万不要涂浅色或银光的口红，否则会让你显得暗淡无色；肤色白的人，任何颜色的口红都可以用；皮肤较黑的人要避免黄、粉红、银色口红，可以选择暖色较偏暗红或咖啡色的口红。

（四）化妆色彩要与服饰的颜色协调

（1）如穿着浅色的服装，化妆时，色彩应该要显得素雅，最好与服装的颜色一致。

（2）如穿深色且是单一色彩的服饰，可以选择临近或同色系的彩妆搭配，例如在穿绿色或蓝色服装时，可以选择对比色系的彩妆，大红色、橙色都可以。

（3）如穿黑色、灰色、白色的服装，可以选择比较鲜艳、比较深或无银光的彩妆来搭配。

（4）眼部化妆的色调，可以选用与服装相同或对比色来搭配。

五、身材和颜色搭配

色彩在实际应用时，还应注意膨胀与收缩的视觉感受。一般情况下，纯度高的颜色带给人膨胀的感觉，纯度低的颜色带给人收缩的感觉；明度高的颜色带给人胖的感觉，明度低的颜色带给人瘦的感觉。

（一）标准型身材

标准型身材是指拥有平均身高，胸围和臀围相等，腰部大约比胸围小20厘米。成功的体型弥补方法要达到的目的就是让身材看上去接近标准型身材。色彩修正是较为容易的方法之一。在适合一个人的色彩群中，有膨胀色也有收缩色，合理地使用会修正弱点或强调优点，达到完美的效果。

（二）梨型身材

梨型身材的特征是肩部窄，腰部粗，臀部大。胸部以上适合用浅淡或鲜艳的颜色，使他人忽略下半身。要注意，上半身和下半身的用色不宜对比强烈。

(三) 倒三角型身材

倒三角型身材的特征是肩部宽，腰部细，臀部小。上半身色彩要简单，腰部周围可以用对比色。要注意，上半身不用鲜艳的颜色、对比的颜色。

(四) 圆润型身材

圆润型身材的特征是肩部窄，腰部和臀部圆润。领口部位可用亮的、鲜艳的颜色，身上的颜色偏深，最好是一种颜色或渐变搭配。要注意，身上的颜色不宜过多或过于鲜艳。

(五) 窄型身材

窄型身材的特征是整体骨架窄瘦，肩部、腰部、臀部尺寸相似。适合使用明亮的或浅淡的颜色，可使用对比色搭配。要注意，不宜用深色、暗色。

(六) 扁平型身材

扁平型身材的特征是胸围与腰围相近，臀围正常或偏大。可用鲜艳明亮的丝巾或胸针装饰，将视线向上引导。要注意，不宜用深色装饰。

专题四　美容化妆

任务一　基本的美容知识

一、认知皮肤

（一）什么是皮肤

皮肤是人体最外层的器官，覆盖在人体表面，保护人体免受外界各种（机械的、物理的、化学的）刺激和各种微生物（细菌、病毒）的侵袭，是肌肤的第一道天然屏障。健康的皮肤是反映机体内部健康的一面镜子。正确的皮肤保养需要对皮肤的结构有一定的了解。

（二）皮肤的结构

皮肤由表皮、真皮、皮下组织及皮肤的附属器官构成，并与其下的组织相关联。

表皮：属上皮组织，位于皮肤最外层，是日常与外界接触的门户，又是化妆品的使用部位。表皮由外向内可分为角质层、透明层、颗粒层、有棘层、基底层五个层次。

真皮：属结缔组织，位于表皮下方，与表皮犬牙交错相接，真皮主要由胶原纤维、弹性纤维、网状纤维和基质组成，它们对皮肤弹性的大小及有无光泽等起决定性作用。

皮下组织：又称皮下脂肪层，其厚度与人的营养状态、性别、年龄及部位有关，人的胖瘦主要取决于皮下脂肪的多少。

皮肤的附属器官有汗腺、皮脂腺和毛发。

汗腺：一种是小汗腺，排泄汗液，滋润皮肤，不使皮肤干裂；一种是大汗腺，其分泌物较浓稠，分泌物本身无气味，经细菌分解后有臭味，俗称狐臭。

皮脂腺：皮脂腺分泌皮脂，润滑皮肤和毛发，但在某些部位分泌过多，易导致痤疮、皮炎和脂溢性脱发等。

毛发：人体表面除手掌、足底等处外，均有毛发生长；毛发由角化的表皮细胞构成，分为毛杆和毛根两部分；毛发的横断面可分为三层，由外而内依次为表皮层、毛皮层和毛髓质；毛表皮由透明的角化细胞似鱼鳞般排列而成，也叫毛护膜，能使毛发产生光泽；皮质和髓质的细胞中都含有色素颗粒，毛发的颜色取决于色素颗粒的含量。

（三）皮肤的基本功能

皮肤的基本功能包括屏障功能、感觉功能、调温功能、吸收功能、排泄功能以及参与呼吸运动的功能。

（四）皮肤的分类

1. 油性皮肤

肤色较深，毛孔粗大，皮脂分泌量多，不容易起皱纹，对外界刺激不敏感。由于皮脂分泌过多，容易生粉刺、痤疮。

2. 干性皮肤

皮肤白皙，毛孔细小而不明显。皮脂分泌量少，容易产生细小皱纹。角质层含水量低于10%，毛细血管表浅，易破裂，对外界刺激比较敏感。干性皮肤可分缺水性和缺油性两种。

3. 中性皮肤

这是健康理想的皮肤，皮脂分泌量适中，皮肤既不干，也不油，皮肤红润细腻、光滑、富有弹性，不易起皱，毛孔较小，对外界刺激不敏感。但受季节影响，夏天趋于油性，冬季趋于干性。

4. 混合性皮肤

兼有油性皮肤和干性皮肤的特征，在面部T型区呈油性，眼部及两颊呈干性。

5. 过敏性皮肤

过敏性皮肤其皮肤较薄，对外界刺激很敏感。当受到外界刺激时，会出现局部微红、红肿，出现高于皮肤的疱、块及刺痒等症状。

（五）皮肤护理的基本原则

人的衰老是必然的，但延缓衰老、挽留青春是可能的。平常注意保持乐观情绪、保证充足睡眠、多饮水、多吃水果蔬菜、学会放松等，都是延缓皮肤衰老的要诀。

维护皮肤的状态，良好的生活习惯自然非常重要，但是合理的护理也是必不可少的。这里重点介绍皮肤护理的基本原则。

1. 保持皮肤清洁

这是护理皮肤的基础，通常可选用合适的清洁用品，如清洁霜和洗面奶清洗，但一定要用正确的方法洁面。

2. 促进皮肤的新陈代谢

日常生活中可采用对面部进行按摩的方法，给皮肤输送足够的养分和水分，促进整个面部的血液循环和新陈代谢，同时按摩还能增加肌肉的弹性和张力。

3. 增强皮肤的抵抗能力，保护皮肤免受各种因素的伤害

皮脂膜是保护皮肤的天然屏障，经常维持皮脂膜的正常状态是护理皮肤的一个非常重要的原则。日常使用的化妆品乳液要选择模仿皮脂膜作用的，这样可以补充皮脂膜的不足，增强皮肤的抵抗能力。需要指出的是，清洁面部的清洁用品其 pH 值必须和皮脂膜相适应，否则会对皮脂膜造成破坏。

(六) 皮肤健美的标准

健美的皮肤能给机体增加美感，尤其是健美的面部皮肤，更能给人留下好的印象。那么，怎样的皮肤才称得上健美呢？可以从以下四个方面来判断。

1. 皮肤的健康

健康的皮肤必须具备三个条件。一是肤色正常。黄种人应是微红稍黄色。二是无皮肤病。皮肤不敏感、不油腻、不干燥、无痤疮等皮肤病。三是具有生命力。正常肤色红润、有光泽，富有生命活力，若青紫、蜡黄、苍白则缺少生命活力。

2. 皮肤的清洁

皮肤表面无污垢，无斑点，无异常凹凸不平。

3. 皮肤的弹性

可通过皮肤弹性试验来判断：提起皮肤，然后放开，若立即展平则皮肤弹性好。皮肤有弹性则表面光滑、柔软、不皱缩、不粗糙。一般来说，青年人新陈代谢旺盛，真皮结缔组织基质多，含水量充足，各种纤维功能正常，皮下脂肪丰富，使皮肤显得光滑平整，富有弹性。老年人或有疾患的人皮肤则缺少弹性。

4. 皮肤的湿润度

皮肤的含水量约占人体全部重量的1/4,可谓"天然蓄水池"。皮肤含水量若减少（如年龄增长、外界条件恶劣等,都会引起皮肤水分减少）,会变得干燥甚至皲裂,这样的皮肤是无美感的。

总之,健美的皮肤红润光泽,柔软细腻,结实而富有弹性,既不粗糙,也不油腻,有光泽感而少皱纹。同时,皮肤耐受性好,衰老速度缓慢。

（七）影响皮肤健美的因素

影响皮肤健美的因素,一般有以下几点。

1. 遗传因素

先天不良影响皮肤健美,大体有三个方面的原因：一是父母的体质不好；二是近亲婚配而致后代先天不足；三是胚胎发育受到影响,比如孕妇用药、饮酒、抽烟、营养失调等,造成后代先天发育不良。

2. 精神因素

个人心理状态不好、情绪不稳定等负面因素,不仅可以导致疾病,而且也影响皮肤状态,如引起皮肤发青、发红,甚至引起痤疮、色斑等。

3. 食物因素

暴饮暴食、烟酒过度或偏食而造成营养失调,均可导致皮肤早衰。

4. 理化因素

无论是物理的、化学的,还是机械性的损害,都会影响皮肤的色泽和光泽。例如,紫外线照射可使皮肤变黑；沥青、煤焦油能使肤色加深；皮肤疤痕可使肤色发青；吸烟能加速皮肤老化的过程,是许多皮肤病发生的诱因；寒风可导致皮肤的表皮、真皮失水；气候干燥、气温过高或经常使用空调也可使皮肤干燥。

5. 化妆因素

化妆品使用不当而致皮肤变差的例子很多。据有关资料显示：面部黑斑症多见于中年喜爱化彩妆的妇女。常见的化妆品使用不当有如下情况：①经常化浓妆,涂搽脂粉过多,面颊呈现褐红色。化妆品涂得过厚、过多,妨碍汗腺、皮脂腺的分泌、排泄,引起发红、丘疹、肿胀等过敏现象。②滥用化妆品。如油性皮肤使用油脂性化妆品引起脂溢性皮炎。③乱用营养性护肤品。如青春期少女和油性肌肤者使用营养性护肤品导致皮肤营养过剩，使皮肤粗糙、浮肿等。

6. 其他因素

主要有以下方面的因素：①按摩不当可增加皱纹，过多地按摩或者按摩手法逆着面部肌肉的方向等都属按摩不当。②面部皮肤病治疗不当或不及时。③减肥方法不当。如减肥过度导致皮肤失去大量水分而变得干燥，产生皱纹。④节食不当，失去营养而产生皱纹及其他皮肤不正常变化。

（八）皮肤衰老的原因

衰老是机体生长过程中的一个自然规律，它涉及全身各组织器官。皮肤是人体的第一道防线，它平均仅有 3 毫米厚，却是人体中最大的组织，覆盖着人体约 2 平方米的体表。皮肤是外界环境和机体之间的一道屏障，有害的化学物质和紫外线等往往通过作用于皮肤影响人体。而皮肤的屏障作用主要由表皮实现，表皮可保护体内组织免受外物和细菌损伤、侵害，防止体内水分、电解质等物质的丢失。表皮内富含的黑色素可抵御紫外线的辐射损伤。皮肤内还有些附属结构，如汗腺、皮脂腺等，其分泌物能在皮肤表面形成一层保护性乳状脂膜，具有保持皮肤湿润和弹性、抵御外界物质渗透的功能。然而，皮肤的防御作用是有限的，当外界的影响超过一定的限度时，皮肤老化就成了一种必然。

（九）皮肤衰老的表现

皮肤衰老的主要原因是皮肤失水和皮脂过氧化。人的皮肤从 20~25 岁起，就进入了自然老化状态。分子水平的生化研究发现，随着年龄的增加，皮肤中胶原蛋白、弹性蛋白、糖蛋白、黏多糖及胆固醇分子均有不同程度的下降。表皮逐渐变薄、隆起，皮下脂肪减少，皮肤变粗起皱。供应皮肤营养的血管萎缩，血管壁弹性减弱，皮肤的血液流通减少，表皮细胞活力变弱。上述因素最终可造成皮肤皱纹、白斑、老年疣、老年色斑及老年脱发等皮肤问题。

（十）注重皮肤保养

皮肤红润、有弹力是健康的表现，皮肤灰暗、无光泽、苍白等是不健康的表现。要想皮肤好，最重要的是保持健康的身心状态，养成良好的生活习惯。

1. 保证充足高质量的睡眠

睡眠时间因人因年龄而异，但要确保每天 6~10 小时的睡眠。皮肤代谢最旺盛的时间是凌晨 1 点，必须在睡眠中完成。

2. 合理的饮食

根据年龄、基础代谢情况、运动情况等合理确定膳食比例，制定食谱并长期坚持。奶类、蛋类、肉类、豆类等补充蛋白质，有促进新陈代谢作用，可使皮肤白皙透明；芹菜、南瓜、牛肉、瘦猪肉等补充维生素 A，促进皮脂分泌；绿色蔬菜、蘑菇、蚕豆、玉米等补充维生素 B，令皮肤娇嫩；柠檬、橙子、草莓、辣椒等补充维生素 C，防止黑色素沉着；大豆、坚果、植物油等补充维生素 E，促进人体荷尔蒙分泌，改善皮肤弹性，延缓衰老。

3. 坚持科学的护养方法

采用唱歌、咀嚼等方式，经常运动面部肌肉，保持面部紧致、弹性、延缓衰老。增加空气湿度，尽量用温水洗脸，保持皮肤清洁，避免暴晒和刺激，防止面部干燥、松弛。使用眼霜、减少盐分摄入、垫高枕头等，促进眼部健康。选择正规品牌化妆品，防止过敏等不良反应。戒烟限酒，防止细胞代谢紊乱。

二、美容与化妆

美容化妆并非追求奢华，而是改善女性健康状况和调节情绪的有效途径。职业女性上班应化淡妆，这不仅对别人是一种尊重，也使自己充满活力与信心，给生活增添光彩。

（一）什么是化妆品

化妆品是以化妆为目的的产品总称。有史以来，世界各地和各族人民都使用化妆品。尽管由于文化习俗不同，人们把自己打扮得更具魅力的方法不同，但是一些护肤用品以及美容的办法却世代流传了下来。随着社会的发展，化妆品日益成为人们日常活动中不可缺少的物品。化妆品对于保持人体皮肤的健康、美化肌肤具有重要的作用。

（二）美容与化妆的基本要求

工作场合化淡妆，妆色柔和，不露化妆痕迹，力求接近自然。适当地使用香水，香味统一，注意擦香水的时间、部位、场合等。注意化妆和补妆的时间场合，吃饭、开会、工作均不补妆，公共区域梳头、补妆是失礼的，一天补妆两次（中午、晚饭）。

应在自我分析的前提下，遵循扬长避短的原则，通过化妆巧妙掩饰不足，突出优点。采用不同化妆品、不同色彩搭配，可以展现不同风格，应根据自身年龄、职业、肤色等特点合理选择。

任务二　化妆的一般程序

化妆大体上应分为洁面护肤、打粉底、画眼线、施眼影、描眉形、上腮红、涂唇膏（彩）等步骤。

（一）洁面护肤

洁面是化妆的前提和基础。洁面方法：轻轻搓擦，注意要自下而上，由中央向外部顺着肌肉生长的方向均匀用力，将皮肤向上推。洁肤品有香皂、洗面奶和清洁霜（油性皮肤用膏状、啫喱状，干性皮肤用水状、乳液状）。选择40℃左右的温水。之后将冷水拍到脸上，使面部温度降低，收缩毛孔，以增强皮肤的弹性。洗脸之后，一定要擦干，不可用毛巾用力擦脸，可用双手轻轻拍打面部肌肤，然后用吸水性强的毛巾轻轻覆盖在脸部，吸去水分。洁面之后用化妆水，化妆水的选择：油性皮肤——紧肤水（收缩水）；干性皮肤——爽肤水。然后涂上润肤霜，以保持滋润，防止干裂和光照等。

（二）打粉底

打粉底又叫打底，它是以调整面部皮肤颜色为目的的一种基础化妆。不同的肤色应选用不同的粉底霜。粉底霜最好与自己的肤色相近，借助海绵，取用适量、涂抹细致、薄厚均匀，借助遮瑕膏掩盖、黑眼圈、疤痕。切勿忘记脖颈部位的打底。

（三）画眼线

画眼线可以让化妆者的一双眼睛生动而精神，并且更富光泽。在画眼线时，一般应当画得紧贴眼睫毛。画上眼线时，应当从内眼角朝外眼角方向画；画下眼线时，则应当从外眼角朝内眼角画，并在距内眼角约1/3处收笔。上下眼线，一般在外眼角处不应当交合，上眼线看上去要稍长一些。

（四）施眼影

施眼影的目的是强化面部的立体感，并且使化妆者的双眼显得更为明亮传神。要选对眼影颜色。鲜艳的眼影，一般仅适用于晚妆。化工作妆时选用浅咖啡色的眼影，往往收效较好。施眼影时，最忌没有厚薄深浅之分，使之由浅而深、层次分明，有助于强化化妆者眼部的轮廓。打眼影顺序：以浅色眼影在眼睛到眉毛之间大范围打底；在靠近眼眶处的眼褶画上较深色的眼影，渐渐往上晕开；在下眼睑处搭配较明亮的颜色，让眼睛看来更大、更有神；在眉骨、下眼睑下以淡色或带有珠光的眼影打上高光，增强立体感。

（五）描眉形

一个人眉毛的浓淡与形状，对其容貌发挥着重要的烘托作用。先要进行修眉，用专用的镊子拔除杂乱无序的眉毛，再对眉毛逐根进行细描，忌讳一画而过。要使眉形具有立体之感，注意两头淡、中间浓，上边浅、下边深。

（六）上腮红

上腮红可以使化妆者的面颊更加红润，面部轮廓更加优美，并且显示出健康与活力。要选择优质的腮红。腮红与唇膏或眼影应属于同一色系。腮红与面部肤色过渡自然。以小刷沾取腮红，高不及眉，低不过嘴角，内不过鼻颊两侧，延展晕染。最后用扑粉定妆，以便吸收汗粉、皮脂，并避免脱妆。

（七）涂唇膏（彩）

涂唇膏（彩）可改变不理想的唇形，以唇线笔描好唇线，确定理想的唇形。笔的颜色要略深于唇膏的颜色。描唇形时，嘴应自然张开，先描上唇，后描下唇。从左右两侧分别沿着唇部的轮廓线向中间画。上唇嘴角要描细，下唇嘴角则要略去。涂唇膏时，应从两侧涂向中间，并使之均匀。涂后，要用纸巾吸去多余的唇膏。

任务三　面部修饰

在人际交往中，每个人的仪容都会引起交往对象的关注，并影响对方对自己的整体评价。仪容美的基本要素是头发美、面部美、肌肤美。美好的仪容能让人感觉到其五官构成和谐并富于表情，发质发型使其英俊潇洒、容光焕发，肌肤健美使其充满生命的活力，给人以健康自然、鲜明和谐、富有个性的深刻印象。

对面容最基本的要求是：时刻保持面部干净清爽，无汗渍和油污等不洁之物。修饰面部，首先要做到清洁。清洁面部最简单的方式，就是勤洗脸。午休、用餐、出汗、劳动或者外出之后，都应立刻洗脸。

从面部的具体部位来说，主要有以下几个方面。

（一）眼睛

首先对眼睛的要求是保持对眼睛的清洁，即眼部分泌物要及时清理。另外，在商务场合，戴墨镜是不合适的，因为会显得不伦不类，或有拒人于千里之外之嫌。

眼睛是大脑的延伸，大脑的思想动向、内心想法等都可以从眼睛中看出。因此，针对眼睛的礼仪有很多方面，主要有如下几点。

（1）不能对关系不熟或一般的人长时间凝视，否则将被视为无礼。

（2）与刚认识的人谈话时，眼睛看对方眼睛或嘴巴的"三角区"，注视时间是交谈时间的30%~60%，这叫社交注视。

（3）眼睛注视对方的时间超过整个交谈时间的60%，属于超时注视，一般使用这种眼神看人是失礼的。

（4）眼睛注视对方的时间低于整个交谈时间的30%，属低时注视，一般也是失礼的，表明内心自卑或心虚或对人不感兴趣。

（5）眼睛转动得不要太快或太慢，眼睛转动稍快表示聪明、有活力，但如果太快则表示不诚实、不成熟，给人轻浮、不庄重的印象，如"挤眉弄眼""贼眉鼠眼"指的就是这种情况。但是，眼睛也不能转得太慢，以免显得太过呆板。

（6）恰当使用亲密注视，和亲近的人谈话，可以注视他的整个上身，叫亲密注视。

（二）耳朵

对耳朵的清洁主要表现在两个方面。

（1）平时洗澡、洗头、洗脸时，应在注意安全的前提下清洗耳朵，及时清除耳朵孔中的分泌物。

(2) 个别人的耳毛长得较快,当耳毛长出耳孔之外时,应进行修剪。

(三) 鼻孔

对鼻孔的清洁主要表现在两个方面。

(1) 干净。鼻腔要随时保持干净,不要让鼻涕或别的东西充塞鼻孔。

(2) 鼻毛。经常修剪长到鼻孔外的鼻毛。

(四) 嘴部

对嘴部的要求有以下几点。

(1) 清洁口腔。牙齿洁白,口腔无异味,是对口腔的基本要求。为此应坚持每天早、中、晚刷三次牙。尤其是饭后,一定要刷牙,以去除残渣、异味。另外,在重要应酬之前忌食蒜、葱、韭菜、萝卜、腐乳等会使口腔产生刺鼻气味的东西。

(2) 清除胡须。在正式场合,男士留着乱七八糟的胡须,一般会被认为是很失礼的;女士的汗毛应及时清除。

(3) 禁止异响。在社交场合,咳嗽、打哈欠、打喷嚏、吐痰、吸鼻、打嗝等不雅之声统称为异响,应当禁止出现。如果不慎弄出了异响,要向身边的人道歉。

(五) 脖颈

对脖颈的要求有以下几点。

(1) 清洁。不要只顾着脸上干干净净,而忽视了对脖子的照顾。脖子尤其是脖后、耳后,绝不能成为"藏污纳垢"的地方。

(2) 护肤。脖子上的皮肤细嫩,应给予相应的呵护,防止过早老化。

任务四　头发修饰礼仪

有的人染一头彩发参加正式活动，以为出众；也有的人上班时披长发，戴头饰，以为漂亮。其实不然。头发应以简约、典雅为风格。讲究仪容，从"头"做起。

1. 头发应勤于梳洗

注意发型保持自然光泽，洁净整齐。无异味，无头屑，肩、背无落发。

2. 在正式场合

可剪发、吹发、烫发，但不能染成自然色以外的颜色，也不要过多使用喷彩或啫喱水。

3. 不同性别发型的要求

男士提倡不留长发，不留鬓角。女士提倡剪短发，发长不过肩，刘海儿不宜过低，不遮住眼睛。如果留有长发，在正式场合和重要场合应盘发或扎起，不披头散发。

4. 在正式场合和职业场合，头发不可滥加装饰

女士若有必要使用发卡、发绳、发带或发箍时，应选黑色、蓝色、棕色，不要插戴色彩艳丽或图案夸张的头饰。

发型应高雅、干练、大方。发型反映个人修养和品位，关乎年龄、身材、服装。应坚持发分男女，反对女扮男装。除非娱乐场合和文娱界人士，任何极端或夸张的发型都有损形象。

5. 发型与脸型相辅相成，关系密切

适当选择和修剪，可体现发型和脸型和谐之美。不同脸型应匹配不同的发型。
（1）圆形脸，宜头发侧分，长过下巴最为理想。
（2）方形脸，侧重于以圆破方，拉长脸形，可采用不对称发缝和翻翘发帘，增加变化。
（3）长形脸，重在抑长，保留发帘，增加两侧发量和层次。
（4）梨形脸，力求上厚下薄，头发上肥下瘦，适当补偿。
（5）心形脸，宜选短发，露出前额，增加耳下发量，选择不对称发型。

专题五　男士形象设计

任务一　男士面部修饰

男士在进行公务活动的时候，每天要剃须修面以保持面部清洁。男人的形象与女性形象的标准不同，如果男人像女人那样涂脂抹粉，会显得不伦不类。多数男人的脸比较容易油腻，且易生出粉刺，因此要特别注重面部的清洁。不妨选用男性洗面奶及吸油面纸等，每日早晚各清洁一次，这样既清洁又护肤。男人不应使用过浓的香水，穿太花哨的衣服，语言和动作也不应矫揉造作，否则会给人不像男子汉的印象。男士在公务活动当中经常会接触到香烟、酒等有刺激性气味的物品，要随时保持口气的清新。

一、眼部的修饰

眼部是被别人注意最多的地方，所以时刻要注意眼部的清洁，避免眼屎遗留在眼角，并让眼睛得到足够的休息。有些男士喜欢戴墨镜。墨镜主要适合在户外活动时戴，来防止紫外线损伤眼睛，在室内时最好不要戴。

二、鼻部的修饰

早晚特别是经过较长时间在外奔波的，更要注意清洁鼻子内外。如有秽物，要在没有人的地方清理，用完的纸巾要自觉放到垃圾筒里。平时还要注意经常修剪鼻毛，不要让它在外面"显露"。

三、耳朵的修饰

耳孔里不仅有分泌物，还有灰尘，要经常进行清洁。不过一定要注意，这个举动绝对不应该在工作岗位上进行。如果有耳毛的话，还要及时进行修剪。

四、胡须的修饰

如果没有特殊的职业需要、宗教信仰或民族习惯，应该把每天刮胡须作为一个生活习惯，不可以胡子拉碴。

五、牙齿的清洁

保持牙齿清洁，首先要坚持每天早晚刷牙。不要敷衍，应该顺着牙缝的方向上下刷，牙齿的各部位都应刷到。如果牙齿上有不易去除的牙垢，或牙齿发黄，可以去医院或专业机构洗牙，以使牙齿看起来更加洁白、健康。不吸烟、不喝浓茶是预防牙齿变黄的有效方法。

六、身体气味

男人的汗腺比较发达，出汗后身上会产生难闻的气味，会使人"敬而远之"。所以，流汗后应换上干净的衣服，注意与他人保持一定距离，还可在腋下、胸前等易出汗的部位涂止汗香剂。不少男人是汗脚，所以，应注意保持鞋的清洁，皮鞋最好有两双以上，换着穿。有口臭的人，应养成一日刷三次牙的习惯。

七、精神面貌

精神面貌不容忽视。男人的形象与其精神面貌有很大的关系，如果外表各方面都处于最佳状态，但目中无光、神态不振，这个人的形象也就谈不上好。所以，男人要保持对生活的乐观和追求，少些抑郁忧愁，多些爽朗欢笑。

任务二　男士发型的修饰

男士的发型要干净整洁，要注意经常修饰、修理。头发不应该过长，前部的头发不要遮住眉毛，侧部的头发不要盖住耳朵，后部的头发不要长过西装衬衫领子的上部，头发不要过厚，鬓角不要过长。

头发是仪表最显著的部位，除了保持头发整洁以外，发型的选择十分重要。一个好的发型，能弥补头型、脸型的某些缺陷，使人显得神采奕奕、生机勃勃，体现内在的艺术修养和良好的精神状态。

当今发型式样多彩多姿，在选择发型上除根据头型、脸型、体型以外，还应根据年龄、季节、服饰、场合的变化。

一、发型要与年龄相符

年长者要求简朴、端庄、成熟、稳重，因此，比较适宜平头短发；而年轻人则要注重整洁健康、美丽大方、新颖别致。

二、发型要与性格相符

男士应尽可能避免留长发或者某些时髦新潮的奇特发型，最好也不要留光头，不把头发染成过分鲜艳的颜色。

三、发型应该和脸型相符

（一）鹅蛋型

这是完美的脸型，基本上想做什么造型都可以。如果要说缺点，顶多是此种脸型比较没有个性（第一印象）。

（二）长型脸

这种脸型的头发切忌上方打蓬，避免强化长型脸，修饰的重点在于两侧的头发要弄蓬松来修饰脸型，这种发型切忌剪太短，层次不要打太高，以避免拉长脸型。

(三) 圆形脸

此种类型的脸，上下的长度和左右的宽差不多，重点在于两侧的线条要向上修剪，头顶要弄蓬，才不会让脸显得太圆。

(四) 方形脸

这种脸型比较有男性气概。头顶弄蓬，刘海侧分，尽量把在脸颊旁的头发弄蓬，减少直线的感觉。

(五) 倒三角脸

对于这种脸型脸的侧边要弄得蓬松，修饰脸的轮廓。脸顶的头发不要弄得太蓬，避免让头的上方感觉很宽、很重。

任务三　男士着装搭配

男士衣着需要大方得体，突出优势，掩盖外形的缺点，显示出自己的身份和地位。西服以其设计美观、线条简洁流畅、立体感强、适应性广泛等特点而深受人们青睐，已经成为世界男士通用的服装。目前，许多国家在着装方面趋于简化，在许多隆重场合，男士身着质量上乘的深色西服。在我国的正式社交场合须穿礼服时，男士可身着中山装或西服套装，配好领带。

一、西装着装礼仪

按西装的件数来划分，分单件西装、二件套西装、三件套西装。西服套装，指的是上衣与裤子成套，其面料、色彩、款式一致，风格相互呼应。两件套包括一衣和一裤，三件套则包括一衣、一裤和一件背心。三件套西装比两件套西装显得更正规。一般参加高层次的对外活动时，可以选择三件套。穿单排扣西服套装时，应该扎窄一些的皮带；穿双排扣西服套装时，则扎稍宽的皮带较为合适。单件西装即是便装，指一件与裤子不配套的西装上衣，仅适用于非正式场合。

基本搭配：黑色西服可搭配以白色为主的浅色衬衫，可配灰、蓝、绿等与衬衫色彩协调的领带；灰色西服以白色为主的浅色衬衫，可配灰、绿、黄或砖色领带；蓝色西服可搭配粉红、乳黄、银灰或明亮蓝色的衬衫，可配暗蓝、灰、黄色领带；褐色西服可搭配白、灰、银色或明亮的褐色衬衫，可配暗褐、灰色领带。

经典的成熟搭配是白色或浅蓝色衬衫配单色或有明亮图案的领带，这是永不过时的搭配，而且适合任何场合。

二、西服与衬衫相配

面料：正装衬衫要选高支精纺的纯棉、纯毛制品，化纤、真丝、麻不宜选择。
色彩：正装衬衫必须为单一色彩，白色较多，蓝、灰、棕色也可考虑。
图案：正装衬衫无任何图案为佳。较细的竖条衬衫在一般性商务活动中可以穿着，但不应同时穿竖条纹的西装。
衣袖：长袖衬衫袖子要露出1~2厘米。穿西装时衬衫袖口一定要扣上。
衣领：正装衬衫的领型多为方领、短领和长领。要根据本人的脸型、脖长、领带结的大小来选择。衬衫领应高出西装领1厘米左右。若不系领带，衬衫的领口应敞开；

打领带的话，上面的扣子要系上。

三、内衣要单薄

衬衫里面一般不穿内衣，如果确实需要在衬衫里边穿其他衣物的话，数量最多一件，否则会显得很臃肿。款式要短于衬衫，领型要选 U 形领或 V 形领，不能露出来；色彩要与衬衫相仿，颜色不要透出来。

四、要系好领带

领带被称为西装的灵魂，可以起到画龙点睛的作用。

1. 领带的选择

领带一般要和西装、衬衫协调。正式场合最好选单一颜色的领带，不要选有花纹的，可以跟西装一个颜色，如蓝西装打蓝色的领带，灰西装打灰色的领带；紫红色领带比较庄重而热情；如果有图案的，要简洁。

2. 领带的打法

领带结要端正、挺括，呈倒三角形。领带的长度是打好之后，外侧长于内侧，下端正好触及皮带扣的上端。

3. 领带的配色

（1）黑色西服，采用银灰色、蓝色调或红白相间的斜条领带，显得庄重大方，沉着稳健。

（2）暗蓝色西服，采用蓝色、深玫瑰色、橙黄色、褐色领带，显得纯朴大方，素净高雅。

（3）乳白色西服，采用虹色或褐色的领带，显得十分文雅，光彩夺目。

（4）中灰色西服，配砖红色、绿色、黄色调的领带，另有一番情趣。

（5）米色西服采用海蓝色领带褐色领带，更风采动人，风度翩翩。

4. 领带的配饰

领带一般不用任何配饰，领带夹可用可不用，一般不用，要用的话，领带夹一般夹在衬衫的第四、五个纽扣之间。

五、衬衫的穿法

在套装与衬衫的组合上，衬衫的下摆要放入裤子里，整装后，衬衣领和袖口均要比外衣长出 1~2cm。白色或白色带清爽蓝条纹的长袖衬衫是必不可少的基本服装配件。领口和袖口沾上污渍就不应该再穿，洗得干干净净、熨得笔挺的衬衫才悦目。

六、必须穿皮鞋

鞋的选择也很重要。我们常用西装革履来形容一个人的正规打扮，所以，在正规场合穿西装就一定要穿皮鞋，不能穿凉鞋、布鞋、球鞋。而且首选黑色系带的皮鞋，偶尔也可穿深棕色皮鞋，鞋面一定要整洁光亮。黑色的皮鞋可以跟黑色、灰色、藏青色西装搭配，咖啡色的皮鞋可与咖啡色西装搭配。白色和灰色的皮鞋，只适宜游玩时穿，不适合正式的场合。穿皮鞋还要配上合适的袜子，使它在西装与皮鞋之间起过渡作用。

七、扣子系法

单排扣西装：下面的那粒扣子不系或系中间的扣子，就座后上衣纽扣可以解开，以防衣服走样；如果里面穿了背心或羊毛衫，站的时候可以不系扣子。

双排扣西装：要求把所有能系的纽扣统统系上。

八、袜子

深色袜子可以配深色的西装，也可以配浅色的西装。浅色的袜子能配浅色西装，但不宜配深色西装。忌用白色袜子配西装。袜子长度的原则为宁长勿短。

九、职场搭配的基本原则

（一）TPO 原则

国际公认的着装原则，由日本服装协会于 1963 年提出。TPO 是英文 Time、Place、Object 三个词首字母的缩写。T 代表时间、季节、时令、时代，P 代表地点、场合、职位，O 代表目的、对象。TPO 原则是世界通行的着装打扮的最基本原则，它要求人们的服饰以和谐为美。着装要与时间、季节吻合，符合时令；要与所处地点，与不同国家、区域、民族的不同习俗吻合，符合着装人的身份；要根据不同的交往目的和交往对象选择服饰，给人留下良好的印象。

(二) 三色原则

职场中人在公务场合着正装，必须遵循"三色原则"，即全身服装的颜色不得超过三种颜色。

(三) 三一定律

这是指职场中人如果着正装必须使三个部位的颜色保持一致，具体要求是，职场男士身着西装正装时，其皮鞋、皮带、皮包应基本使用一个颜色。

十、职场男士着装禁忌

(1) 不穿短裤出入办公场合。

(2) 不穿紧身牛仔裤。紧身牛仔裤会勾勒出臀部曲线，不适合职场穿着。

(3) 不拆除西装商标。

(4) 不穿有细条纹的内衣。让人透过衬衣看到带有细条纹的内衣不合礼仪。

(5) 衣服不要竖起领子。现实生活中由于衣服布料、场合等限制，竖起领子往往并不能取得良好的视觉效果，反而显得做作。

(6) 职场男士最好不要穿尼龙丝袜，而应当穿棉袜，以免产生异味。

(7) 职场男士不要穿白色袜子，尤其是职场男性着西装正装并穿黑皮鞋时，穿一双白袜子不合礼仪。

任务四　男士配饰搭配

一个男人的服饰配件是一种艺术，同时反映了这个人的工作风格和个人品位。配饰的作用不容小觑，可为服装锦上添花，比如戒指、手表、公文包、眼镜等。在选配男士的随身饰品时，除注重其装饰作用外，要强调实用性，还要考虑整体的和谐。

一、手表

对很多男人来说，这是他们觉得最值得投资的配饰。从男士佩戴的手表就可以看出个人品位，它是身份和价值的体现。

腕表佩戴在左手为宜，颜色应与腰带扣颜色保持一致。搭配正装佩戴的商务腕表造型应当庄重、保守，避免怪异、新潮。一般而言，正圆形、椭圆形、正方形、长方形以及菱形手表，因其造型庄重、保守，适用范围极广，特别适合在正式场合佩戴。

二、领带

领带作为男士最钟爱的时尚单品之一，早已变化万千，从质朴的深色到艳丽的亮色，从简单的格纹到繁复的印花，多种多样。而领带的材质更是多样化，无论是蚕丝、纤维或精致昂贵的羊羔绒，经过巧妙的加工处理，都会更加轻薄、绚丽，富有光泽。领带作为男性配饰的主力军，在男士着装中起着画龙点睛的作用，所以一条搭配得当的领带是对男士品位的体现。

三、领带夹

在众多男性饰品之中，领带夹更能彰显商务精英的干练气质，一般正式场合，比如婚礼、酒会、商务会议，男士都会为领带配一款领带夹，以保持领带笔挺。佩戴领带夹的正确位置，在衬衫从上往下数第四粒和第五粒纽扣之间。

四、袖扣

稳重的男人也需要举手投足间的亮光一闪，比如一枚小小的袖扣。这种西方上流社会男子的饰品，如今已经发展为全球绅士的品位标签。对于讲求品位的男人而言，也许除了戒指之外，衬衫袖扣就是面积最小的装饰了。

五、口袋方巾

这是锦上添花的装饰品，颜色不一定要跟领带一样，只要质料够软，插在袋里服帖自然就行了，即使是一条白手帕也照样能胜任。亮眼的口袋方巾能够增加整体的气质，一抹绚丽装饰让西装蕴含无限可能。如果能善加应用，必能在穿着上加分。

六、公文包

公文包也是组成男子服饰礼仪的一个重要配件，对于职场男士而言，公文包一则可以用来放置文件、票证和香烟等日常用品，二则可以平添几分帅气。公文包以黑色为主，也可以根据服饰选择与之相配的其他颜色。面料以真皮为宜，如牛皮、羊皮。标准公文包是手提式的长方形包，箱式、夹式、挎式、背式等类型的皮包，均不能在正式场合使用。鞋子、皮带、公文包最好保持一个颜色。

七、戒指

戴戒指讲究的是精巧和尊贵，如果戒指过于粗硕，就难掩市侩气息。男戒款式有海军戒、方戒、字戒、钻石戒等，尤其是名贵的钻戒，很为商界男士所钟爱。对于造型夸张、怪异的戒指，男士当慎重选择，以免破坏自己的绅士形象。

八、眼镜

如果您是一位教师，可选择色泽雅致、款式大方的眼镜，给人以博学、稳重的印象。如果您是白领，就不妨选择一副质地上乘的眼镜，以显儒雅气度。

专题六　女士形象设计

任务一　女士面部修饰

女士在从事正式的商务活动时，面部修饰应该以淡妆为主，不应该浓妆艳抹，也不应该不化妆。同时注意一些细节问题。

(1) 口腔。没有口气和牙齿洁白都是衡量的标准，一个涂抹着口红的女士，一开口就有异味或者是看到一口参差不齐的大黄牙，那多么令人倒胃口！

(2) 鼻腔。过长的鼻毛或者不干净的鼻孔都会带给别人非常不好的感觉；鼻窦下面是化妆时最容易忽视的部位，请在打底时细细涂匀。

(3) 颈项。脖子是日常护理中容易被忽略或者被错误护理的部位。一定要注意日常的正确打圈护理手法。化妆时，更加要关注到颜色的延伸及方向的正确。

(4) 手肘。手肘部位由于伏案接触或护理忽略等问题，经常死皮横生，要记得沐浴后的及时滋润护理，如有可能每周进行死皮护理。

(5) 指甲。正确的颜色和漂亮的点缀会让手成为继脸以后的另外一个关注点，所以请将指甲修剪完美，配上合适的颜色及点缀。指甲不宜过长，不易涂颜色鲜艳的指甲油，可图肉色、透明色，起到修饰作用。手部要注意清洁，进行适当的养护。

(6) 适度的化妆。化妆是一种修饰，可突出肤色和五官的优点或掩饰瑕疵。精致的妆容能增添个人的姿色及风格，在工作环境中，适度的化妆可表现出个人成熟干练的形象，更可以加深别人对你的印象。

任务二 女士发型的修饰

女士发型式样多、变化大，发型的设计与选择能够体现出一个人的修养和品位，可以使人更加端庄、文雅，而且能够起到修饰脸型、协调体型的作用。

女士发型修饰礼仪，是礼仪之中的一个重要组成部分。在正常情况下，人们观察一个人往往是"从头开始"的。位居头顶之处的头发，经常会给他人留下十分深刻的印象。

每一位注意维护个人形象的女士，都会"从头做起"。在头发方面，基本要求是干干净净、整整齐齐、长短适当，发型简单大方、朴素典雅。

一、基本要求

（一）保持适当的长度

女士的发型最好是不要长过肩部，或挡住眼睛。如果是长发，在庄重严肃的工作场合，则必须将长发梳成发髻，盘在头上。

（二）保持清洁卫生

要勤洗发、勤理发，努力使自己的头发保持清洁卫生的状态。具体来说，应当至多三天洗一次发，至少半个月理一次发。此外，还须随时随地检查自己头发的清洁度。如果要出席重要的活动或与此相关的社交活动，那么最好再去理发店或美容店，请理发师对自己的头发精心修剪一番。

（三）不能蓬松凌乱

为了使头发保持既定的发型，可使用美发用品加以固定，但更重要的，是要使之保持整齐，唯其整齐，才有干净可言。

二、发型要与身材相符

（一）身材高大者的适用发型

该体型给人一种力量美，但对女性来说，缺少苗条、纤细的美感。为适当削弱这种高大感,应努力追求大方、健康、洒脱的美,减少大而粗的印象。一般以简单的直短发为好,或者是大波浪卷发;直长发、长波浪、束发、盘发、中短发式也可酌情运用。注意切忌发型花样繁复、造作;头发不要太蓬松。总的原则是简洁、明快、线条流畅。

(二) 身材矮小者的适用发型

个子矮小的人给人一种小巧玲珑的感觉,应强调丰满与魅力,在发型选择上要与之相适应。发型应以秀气、精致为主,避免粗犷、蓬松,否则会使头部与整个形体的比例失调,给人头大身体小的感觉。从整体比例上,应注意长度,不宜留长发,也不宜把头发处理得粗犷、蓬松。可利用盘发增加身体高度,而且要在如何使头发秀气、精致上下功夫。烫发时应将花式、块面做得小巧、精致一些。

(三) 身材矮胖者的适用发型

矮胖者往往显得健康,要利用这一点造成一种有生机的健康美。整体发式向上,譬如选择运动式发型。此外应考虑弥补缺陷,可选用有层次的短发、前额翻翘式等发型,不宜留长波浪、长直发。

矮胖者一般脖子显得短,因此不要留披肩长发,尽可能让头发向高处发展,显露脖颈以增加身体高度感。头发应避免过于蓬松或过宽。矮胖的人要尽可能通过发型设计来弥补自身的缺点。

(四) 身材高瘦者的适用发型

这种体型的人容易给人细长、单薄、头部小的感觉。要弥补这些不足,发型要求生动饱满,避免将头发梳得紧贴头皮,或将头发搞得过分蓬松,给人头重脚轻的印象。一般来说,高瘦身材的人比较适宜留长发、直发。应避免将头发削剪得太短薄,或盘高发髻。头发长至下巴与锁骨之间较理想,且要使头发显得厚实、有分量。

三、女士发质与发型的选择

各人的发质不一,不同的发质适合不同的发型。

(一) 细少的头发

这种发质的人应该留长发,将其梳成发髻,这样不但梳起来容易,同时比较持久。通常这种发质的发量较少,可以辅之以假发。如果梳在头顶上,适合正式场合;梳在脑后,是家居式;而梳在后颈上时,则显得高贵典雅。

(二) 柔软的头发

这种发质比较容易整理,不论想做任何一种发型,都非常方便。由于柔软的头发比较服帖,因此俏丽的短发比较适合,能充分表现出个性美。

(三) 粗硬的头发

这种发质要想做出各种各样的发型是不容易的。在做发型以前,最好能用油性烫发剂将头发稍微烫一下,使头发能略带波浪,稍显蓬松。在卷发时最好能用大号发卷,看起来比较自然。由于这种头发很容易修剪得整齐,所以设计发型时最好以修剪技巧为主,同时尽量避免复杂的花样,做出比较简单而且高雅大方的发型来。

任务三　女士服装搭配

美好的长相、匀称挺拔的身材、美观大方的服饰均能增添人的仪表魅力，给人以舒服、美好的感觉。

如果说，人的长相天生，身材长短难以变更，而服饰却是可以改变的。整洁美观的服饰是人们改变自己或烘托自己"武器"，因此我们要学会运用这一武器来"武装"自己。

一、礼服

按西方传统礼仪要求，在正式的交际场合，女士一般应穿礼服。

（一）晚礼服

晚礼服即西式大礼服，是一种最正式的礼服，主要适用于晚间举行的各种正式活动，如官方举行的大型宴会、交际舞会、庆典活动等。这类礼服大多是下摆及地的长裙，比较多地显露颈、胸、背和手臂部位，充分体现女性美。穿大礼服时，必须戴上与其色彩相同的帽子或面纱，配礼服长手套、耳环、项链等饰品也不可少。

（二）小礼服

西式小礼服主要适用于晚上六点以后举行的各种宴会、音乐会或歌剧等场合。小礼服为长及脚面的露背式连衣裙，衣袖可长可短，配手套。为方便交谈，女性着小礼服时可不戴帽子或面纱。

（三）常礼服

常礼服也叫西式晨礼服。常礼服为质地、色泽一致的衣裙组合或单件连衣裙，裙长过膝，主要在白天穿着，适于出席白天举行的庆典、茶会、游园会和婚礼等。常礼服可配帽子、薄纱短手套及小巧的手袋等。

（四）旗袍

中国女性常以旗袍为正式礼服。一般采用紧扣的高领，衣长至脚面，两侧开叉在膝盖以上、大腿中部以下为宜，斜式开襟，袖口至手腕或无袖均可。面料多为单色的高级呢绒、绸缎等。穿无袖式旗袍时，可配披肩。

现在多数西方国家对女子的穿着要求并不十分严格。同质、同色的西式套裙也可以作为礼服穿着，但要注意质地精良，款式简洁大方；连衣裙也可作为日间社交活动的礼服，但要注意选用单色、图案简洁、面料高档且裙长及膝的款式。

在比较正式的场合，可以穿着西装套裙、连衣裙或旗袍作为礼服。特别是旗袍，上下结构严谨，没有重叠的衣料、外显的带绊和口袋等繁饰，显得线条流畅、干净利落、雅致端庄。旗袍能体现女性婀娜多姿的体态，是最适宜中国女性穿着的民族服装。在涉外活动中，中国女士穿旗袍参加往往会受到外宾由衷的赞美。

二、职业女装

职业女装指的是职业女性上班时穿着的服装。女性旅游管理人员或礼宾工作者的上班装多为西装套裙。女式西装套裙是由一件西装上衣和一条半裙所构成的两件套女装。大致上可以分为两种，一种是用西装上衣与任意一条裙子自由搭配，另一种则是西装上衣与和裙子是成套设计、制作的。正式的西装套裙指的是后者。

（一）着装规范

经典的女式西装套裙选用比较高档的素色面料精工制作而成，上衣与裙子同质、同色。造型简洁大方，挺括合身。上衣的肩部垫得非常平整，裙子以窄裙为主，裙长及膝。素雅的白、灰、藏青、炭黑、烟灰、雪青、黄褐、茶褐、暗土黄、暗紫红等冷色调服装，可以体现着装者的端庄与稳重，是最适合职场的颜色。

（二）着装禁忌

穿着西装套裙时，应注意以下禁忌。

1. 过大或过小

西装套裙的上衣最短处可以齐腰，裙子最长可至小腿中部，松紧适度。

2. 衣扣"不到位"

在正式场合，西装套裙的上衣扣子应按规矩系好，再忙、再热，也不要敞怀不扣，更不宜随便当着别人的面脱下上衣。

3. 内衣外显

穿丝、麻、棉等薄型面料或浅色面料的西装套裙，一定要内穿衬裙。衬裙的长度不应长于外面的裙子，颜色也应与之相近。衬衫不宜过于透明。

4. 搭配不当

西装上衣不可以与牛仔裤、健美裤、裙裤搭配，黑色皮裙更不宜作为正式服装。

5. 鞋袜不配

穿西装套裙应当着黑色高跟或半高跟浅口皮鞋，配肉色丝袜。不可穿布鞋、凉鞋、旅游鞋或拖鞋，丝袜不可有挑丝或破损，袜口不能露在裙子外面。

总之，职业女性的穿着除了要因地制宜、符合身份、清洁舒适外，还须以不妨碍工作效率为原则。在工作中不要把自己打扮得花枝招展或太过性感，不要让自己的衣着喧宾夺主，影响工作，不应损及其专业形象。对流行服饰要有所取舍，以"时尚中略带保守"为宜。

三、职业女装的搭配

一身漂亮的衣服应有得体的鞋相配方能显示出一种整体美。在庄重、正式的场合，女士不宜穿露脚趾的凉鞋或拖鞋；在办公室里不宜穿皮靴；一套精致的时装绝不能配一双布鞋或球鞋。在社交场合，应该选择与套装相配的皮鞋，一般来说黑色或棕色浅口高跟或半高跟皮鞋适应性比较强，与衣裙同色或同色略深的颜色也比较协调。一名职业女性可以为自己多备几双适合四季穿着的黑色鞋，因为黑色几乎可以与所有颜色的服饰搭配。冬季可以穿高帮黑皮鞋，春秋可以穿低帮的皮鞋，夏天可穿船形皮鞋。鞋跟的高度选择可视身高来决定，一般而言，穿中跟皮鞋能较好地显现女士的挺拔与秀气。身材特高的女性可以穿低跟鞋，身材较矮的可以穿高跟鞋。鞋跟的造型与大小也有讲究，例如身材较矮的女士最好不要穿酒杯跟的皮鞋，一些较高大的女士则不宜穿尖细鞋跟的皮鞋等。

在正式场合女士若穿裙装，应当配长丝袜，其长度要高于裙子下部边缘，袜口不能露在裙摆或裤脚外边。不要穿着挑丝、有洞或用线补过的袜子。袜子的颜色应与自己的肤色相配，一般肉色袜子能使女士皮肤罩上一层光晕而显示出一种线条美。白色和黑色袜子要慎穿，特别是白袜子，在正式场合不多见，应尽量避免穿着。

四、女士 TPO 着装

（一）时间原则

不同时段的着装规则对女士尤为重要，女士的着装要随时间而变换。

(二) 地点原则

在自己家里接待客人，可以穿着舒适但整洁的休闲服；如果是去公司或单位拜访，穿职业套装会显得更专业；外出时要顾及当地的传统和风俗习惯。

(三) 场合原则

人们应根据特定的场合搭配适合、协调的服饰，从而获得视觉和心理上的和谐感。参加庄重的仪式或重要的典礼等重大活动，着一套便服或打扮得花枝招展，会使公众感觉没有诚意或缺乏教养。应事先有针对性地了解活动的内容和参加人员的情况，或根据往常经验，精心挑选和穿着合乎特定场合的服饰。

总之，不同的时间、地点、场合对服饰有不同的要求，只有与时间、地点、场合气氛相融洽的服饰，才能产生和谐的审美效果，实现人景相融的最佳效果。

任务四　女士配饰搭配

一、搭配原则

女性配饰礼仪须注意使用规则和佩戴方法。在较为正规的场合使用首饰,务必要遵守其使用规则。这样做的好处是,既能让首饰发挥其应有的美化、装饰功能,又合乎常规,在选择、搭配、使用中不至于出洋相。使用首饰时,通常应当恪守如下八条礼仪规则。

(一) 数量规则

戴首饰时数量上的规则是以少为佳。在必要时,可以一件首饰也不戴。若有意同时佩戴多种首饰,其上限一般为三,即不应当在总量上超过三种。除耳环、手镯外,最好不要佩戴同类首饰超过一件。

(二) 色彩规则

戴首饰时色彩的规则是力求同色。若同时佩戴两件或两件以上首饰,应使其色彩一致。戴镶嵌首饰时,应使其主色调保持一致。

(三) 质地规则

戴首饰时质地上的规则是争取同质。若同时佩戴两件或两件以上首饰,应使其质地相同。戴镶嵌首饰时,应使其被镶嵌物质地一致,托架也应力求一致。这样做能令其总体上显得协调一致。高档饰物尤其是珠宝首饰,多适用于隆重的社交场合,但不适合在工作、休闲时佩戴。

(四) 身份规则

身份上的规则是要令其符合身份。选戴首饰时,不仅要考虑个人爱好,更应使之服从于本人身份,要与自己的性别、年龄、职业、工作环境大体保持一致,不宜使之相去甚远。

(五) 体型规则

体型上的规则是要使首饰让自己的体型扬长避短。选择首饰时,应充分正视自身的形体特色,努力使首饰的佩戴为自己加分,避短是其中的重点,扬长则须适时而定。

（六）季节规则

戴首饰时，季节上的规则是所戴首饰应与季节吻合。一般而言，季节不同，所戴首饰也应不同。金色、深色首饰适于冷季佩戴，银色、艳色首饰则适合暖季佩戴。

（七）搭配规则

戴首饰时，搭配的规则是尽力使服饰协调。首饰应视为服装整体上的一个环节，要兼顾服装的质地、色彩、款式，并努力使之在搭配、风格上般配。

（八）习俗规则

戴首饰时，习俗上的规则是遵守习俗。不同的地区、不同的民族，佩戴首饰的习惯做法多有不同。对此一是要了解，二是要尊重。

二、主要配饰

（一）眼镜

眼镜可以修饰脸型，尽量选择适合自己的镜框，式样宜新。不可戴太阳镜（护目镜）去面试。要保持镜片和镜框干净。另外，女生还可选择隐形眼镜，或者带度数的美瞳，给自己加分。

（二）手袋

手袋是女士社交场合不可缺少的配件，款式有手挽式、肩背式两大类，一般以皮包居多。手袋与服装的配色应注意，一是袋与服装呈对比色，显得鲜明醒目；二是如果服装为多色彩，则手袋应与服装的主色调一致；三是使手袋与鞋子、手套、帽子等同色调，从而具有整体协调感。

此外，小型手袋适合女性出席正式场合使用，手提包应套在手上，不要拎在手里摆来摆去。经常参加社交活动的女士，可以多准备几个不同款式、颜色、质地的手袋，根据穿着的服饰进行搭配，以达到和谐与完美的整体效果。

（三）手套

在西方，手套被称作"手的时装"。选用手套一般要注意以下几点
（1）要同整体装束相一致。穿深色大衣，适合戴黑色手套；穿灰色或浅褐色大衣，

可以戴褐色手套；穿西装或运动服装，要选择与之色彩一致的手套或黑手套；穿西服套裙时或穿夏令时装时，选戴薄纱手套或网眼手套等。

（2）要同个人气质相协调。选择时必须注意到一个人的年龄、性格与气质。年长而稳重的人，适合戴深色的手套；年轻而活泼的人，适合戴浅色或彩色手套。

（3）要适应时间与场合的变化。在西方，正式社交场合女士大多戴着手套，一般白天戴短手套，晚上戴长手套。此外，礼服手套一定要保持整洁，一般不要把戒指、手镯、手表等戴在手套外边；饮茶、吃东西或吸烟时，应脱下手套；女士不要戴着手套化妆。

（四）帽子

女士戴上一顶合适别致的帽子，可以增添风采。在寒冷的冬天，女士戴上一顶绒线帽，既使人感到温暖，又让自己显得俏皮、可爱。但是，这类帽子若在正式场合戴却不适宜。地位较高的女士，可以选择小呢帽、宽边帽、中等宽边等有边沿的帽子，以增加风度和气派。但参加宴会、游园和婚礼活动时戴的帽子，帽檐不能过宽，否则便会遮挡别人的视线。

把帽子戴得端端正正，使人显得很正派；将帽子稍微往前倾斜，看上去很时髦；帽子戴得稍稍歪斜，帽檐下压，显得人俊俏；把帽子拉得很低，使人显得忧郁。

（五）围巾

女士的围巾多种多样，过去主要用来挡风、御寒，而今天更多地被当作装饰品。同一款服装用不同的围巾能搭配出不同的效果。女士选用围巾的花色、式样要与着装、身份和环境相适应。

（六）胸针（花）

胸针（花）是指佩戴在女性上装胸、肩、腰等部位的各种小装饰。选择金属胸针应与项链、耳环等首饰的色泽款式相协调。胸花常用在出席隆重的庆典等场合，有鲜花和人造花两大类，相比之下，鲜花更为高雅。最常见的是将胸针（花）佩戴在胸部左侧，身高较矮的适合选用造型小一点的，佩戴的位置稍微高一点；身材高大的可以选用造型大一些的，佩戴位置亦可稍低。

（七）首饰

职业女性在工作场合，一般适合戴比较朴素、传统的结婚（订婚）戒指和紧贴式的耳环。一般耳环、项链、手链、戒指不可超过两件，要选择质地一样，或者颜色一样的。耳环以耳钉为主，大小适宜。不可佩戴耳链，不可佩戴两个或者以上，不可佩戴发出声音的，不可太亮。项链要与整体衣服配搭，不宜太长。

第二部分

礼仪篇

第二部分

札记文篇

专题七　礼仪概述

中华文化博大精深，礼仪的含义从"礼（禮）"字的字形结构及其演化过程便可窥见一斑。礼仪文化一直是中国传统文化的核心部分。传统文化是一种巨大的精神力量，我们要不断丰富传统文化，坚持发展创新，坚持与时俱进。

任务一　礼仪的由来

礼仪在中国古代用于定亲疏、决嫌疑、别同异、明是非，它是人类在长期生活中约定俗成的，是一个人为人处世的根本，也是做人的标准。在原始社会，礼仪与集体生产的性质相适应，在以血亲为基础的群体中，礼仪没有高低贵贱之分。阶级社会产生之后，礼仪的内容、性质、功能发生了质变，充分体现了统治阶级的意志和思想：礼仪规范依照统治阶级的价值取向和行为取向来规定，不断修正、衍化，形成一系列行为规范体系，它具有历史性、传承性及变异性。随着社会的变革和发展，礼仪也不断被赋予新的内容。

一、"礼"的字形演化及渊源

在古汉语中，"礼"写作"禮"，从示，从豐。王国维先生《观堂集林·卷六》中说："盛玉以奉神人之器，谓之……推之而奉神人之器，谓之若礼。""礼"字的结构是在一个器皿里面盛两串玉，具以奉神，故其字后来从"示"，其后扩展为对人。因此，"礼仪"本意是用礼器举行祭祀仪式，表现先民对神灵的敬意和祈祷，以后逐渐演变为表示敬意的通称，而后才泛指人类社会日常生活中的各种行为仪式。

二、"仪"的字形演化及渊源

"仪"带有群体性，群体注重礼仪。促进优秀传统文化创造性转换和创新性发展，涵养社会主义核心价值观，增强文化自信，都需要群体的共同努力。"仪"在甲骨文中写为"羛"，原先"仪""义"不分，到了西周"仪"与"义"才有了区别。仪有两种解释。

（一）度

《说文解字》云："仪者，度也。"也就是要符合法度、规则。在仪式进行过程中要严肃认真、循规蹈矩。同时要注意把握分寸，既不要过分，亦不可不及，应恰到好处。

（二）宜

"仪"，通"宜"，即适宜、合适之意。一个人得体的举止称为宜，体现在恰当端庄的仪表、仪容和形式方面，表明对美的向往和追求。

任务二　礼仪的概述及基本原则

中国是礼仪之邦，文明社会、和谐社会的构建，需要我们共同努力。礼仪文化作为中华传统文化的核心部分，能有效地规范公民的行为举止，提高公民的道德理性，彰显中国风格和中国气派，是公共秩序构建过程中不可或缺的重要文化力量。《论语》曰："不学礼，无以立。"

一、礼仪的概念

礼仪指的是人们在社会交往中受历史传统、风俗习惯、宗教信仰、时代潮流等因素的影响而形成的，既为人们所认同，又为人们所遵守，以建立和谐关系为目的的各种符合礼的精神及要求的行为准则或规范的总和。礼仪是人们文明程度和道德修养的外在表现形式。中国古代的思想家、教育家孔子认为，礼仪可培养一个人道德人格的基本素养，行礼的过程便是在潜移默化中将人内在的道德化为自觉的要求。简言之，践礼以培养仁义，而仁德又在礼仪中呈现出来，二者相辅相成，最终实现个体修身的最高境界。

二、礼仪的基本原则

（一）"尊重"原则

这个原则要求在各种类型的人际交往活动中，以相互尊重为前提。要尊重对方，不损害对方利益，同时又要保持自尊。

（二）"遵守"原则

这个原则要求遵守社会公德，诚实守信，真诚友善，谦虚随和。

（三）"适度"原则

现代礼仪强调人与人之间的交流与沟通一定要适度，在不同场合，针对不同对象，应始终不卑不亢，落落大方，把握好分寸。

(四)"自律"原则

这个原则指交流双方在要求对方尊重自己之前,首先应当检查自己的行为,确认其是否符合礼仪规范要求。

三、礼仪的作用

在人类道德的发展史上,礼是最高的行为标准,是道德的外化。学习礼仪,运用礼仪,通常具有以下四大作用。

(一)内强素质

作为现代人,你跟别人打交道也好,要做好本职工作也好,恰到好处地展示自己的素质都是非常重要的。教养体现于细节,细节展示素质。言谈、话语、举止行为,其实都体现了个人的素养。荀子曾说"礼者,养也",就是此意。

(二)外塑形象

在交往中,员工的个人形象就代表了组织形象,就代表了产品和服务形象。有鉴于此,我们一定要时刻维护好自身形象。在交往中,个人形象是比较重要的。比如,个别人,在正式场合不修边幅,就会影响形象。与人交流时把裤腿往上拉、抠鼻孔等不雅行为,也会影响感观。在国际交往中,这些举动甚至会影响国家形象、影响民族形象。

(三)增进交往

一个人不管你愿意不愿意,你必然要跟别人打交道。古希腊哲人亚里士多德曾说:"一个人若不和别人打交道,他不是一个神,就是一个兽。"马克思则强调过:"人是各种社会关系的总和。"一个人不论做任何事情,从事何种工作,都肯定要和别人交往。既然要跟别人交往,就要学会交往的艺术,而学习礼仪有助于我们的人际交往。

(四)使问题最小化

学习并运用礼仪,能使你少出问题或者不出问题。说白了,就是可以令我们少丢人,少得罪人。从这个意义上说,就是使问题最小化,实际上也是效益最大化。外事工作做得好,不出问题,有助于树立国际形象,有助于提升国际地位。

专题八　仪态礼仪

仪态，又称体态，是指人的风度和身体姿态。用优良的仪态礼仪来表情达意，往往比语言更让人感到真实、生动。礼仪文化有助于促进和谐社会的构建和理想人格的实现等。

任务一　站姿与行姿

美是一种整体感受。再绝伦的容貌，再标准的身材，搭配萎靡不振的模样、粗鲁无礼的举止，美就根本无从谈起。仪态礼仪能有效地规范行为举止、提高道德理性、彰显中国风格和中国气派，是公共秩序构建过程中不可或缺的重要文化力量。站立、行走、坐卧是人体最基本的姿态，而站立和行走的姿态在礼节中是用得最多的。

一、站姿

（一）基本站姿

采取基本站姿后，从正面来看，主要的特点是头正、肩平、身直。如果从侧面去看，其主要轮廓线则为含颌、挺胸、收腹、直腿。

头正：两眼平视前方，嘴微闭，收颌梗颈，表情自然，稍带微笑。
肩平：两肩平正，微微放松，稍向后向下沉。
臂垂：两肩平整，两臂自然下垂，中指对准裤缝。
躯挺：胸部挺起，腹部往里收，臀部向内向上收紧。
腿并：两腿立直，贴紧，脚跟靠拢，两脚夹角成60度。

（二）几种常见站姿

1. 叉开站姿

两手在腹前交叉，右手搭在左手上，双腿直立。采用这种站姿时，男子可以两脚分开，距离不超过 20 厘米。女子可以用小丁字步，即一脚稍微向前，脚跟靠在另一脚内侧。这种站姿端正中略有自由，郑重中略有放松。在站立时身体重心还可以在两脚间转换，以减轻疲劳感。叉开站姿是一种常用的接待站姿。

2. 背手站姿

双手在身后交叉，右手贴在左手外面，贴在两臂之间。两脚可分可并，分开时，不超过肩宽，脚尖展开，两脚夹角成 60 度，挺胸立腰，收腹，双目平视。这种站姿优美中略带威严，易产生距离感，所以常用于门童和保卫人员。如果两脚改为并立，则突出尊重的意味。

3. 背垂手站姿

一只手背在后面，贴在臀部，另一只手自然下垂，手自然弯曲，中指对准裤缝。两脚既可以并拢也可以分开，也可以成小丁字步。这种站姿，男士多用，显得大方、自然洒脱。

（三）服务人员的常用站姿

服务人员每天都要和宾客打交道，服务人员良好的仪态是风度和气质的表露。服务人员要求站有站姿、坐有坐相、行走自然，姿态优美，端正稳重。这里着重介绍站姿。

1. 男、女服务人员的站姿

（1）男性服务人员的站姿。男性服务人员在站立时，要注意表现出男性刚健、潇洒、英武、强壮的风采，力求给人一种壮美感。在站立时，男性服务人员可以将双手交握，叠放于腹前，或者相对握于身后。双脚可以叉开，与肩部同宽。

（2）女性服务人员的站姿。女性服务人员在站立时，则要注意表现出女性轻盈、妩媚、娴静、典雅的韵味，努力给人以一种"静"的优美感。具体来讲，在站立时，女性服务人员可以将双手相握叠放于腹前。双脚可以在以一条腿为重心的前提下，稍许叉开。

2. 不同场合的站姿

（1）恭候顾客的站姿。双脚可以适度地叉开，两脚可以相互交替放松，即允许在一只脚完全着地的同时，抬起另外一只脚的后跟，而以其脚尖着地。双腿可以分开一些，但不宜离得过远。肩、臂应自然放松，手部不宜随意摆动。上身应当伸直，并且目视前方。头部不要晃动，下巴应避免向前伸出。

（2）柜台待客的站姿。采用柜台待客的站姿，要求有：①手脚可以适当放松，不用始终保持高度紧张的状态；②可以以一条腿为重心，将另一条腿向外侧稍稍伸出，使双脚呈叉开之状；③双手可以指尖朝前轻轻扶在身前的柜台之上；④双膝要尽量伸直，不要出现弯曲；⑤肩、臂自然放松，脊背伸直。

（3）为顾客服务的站姿。采用为顾客服务的站姿时，头部可以微微侧向自己的服务对象，保持微笑。手臂可以持物，也可以自然下垂。小腹不宜凸出，臀部同时应当紧缩。双脚一前一后站成丁字步，即一只脚的脚后跟靠在另一只脚的内侧，双膝在靠拢的同时，两腿的膝部前后略为重叠。

（四）交通工具上的站姿

目前我国主要的交通工具除了自行车，有公共汽车、地铁。有的公共汽车上乘客很多，非常拥挤，所以乘客必须做到自我约束、互敬互让，文明用语常挂嘴边，才能够避免很多不必要的摩擦。

乘坐其他交通工具，像火车、高铁或飞机时，保持安静是文明的表现，且在公共场所排队等候是必要的。在乘坐这些交通工具时，保持正确的站姿尤为重要。此时，应该注意以下几点。

（1）双脚之间以适宜为原则张开一定的距离，重心要放在自己的脚后跟与脚趾中间。不到万不得已，叉开的双脚不宜宽于肩部。

（2）双腿应尽量伸直，膝盖不宜弯曲，而应当稍向后挺。

（3）身子要挺直，臀部略微用力，小腹内收，不要驼背。

（4）双手可以轻轻地相握于胸前，或者以一只手扶着扶手或拉着吊环，但不要摆来摆去。

（5）头部以伸直为佳，最好目视前方。在交通工具上站立时，应尽可能与他人保持一定的距离，免得误踩、误撞到对方。

（五）应避免的不良站姿

所谓不良站姿，指的就是人们不应当出现的站立姿势。这些姿势要么姿态不雅，要么缺乏敬人之意。如果任其发展，不加以改正，往往会无意之中使个人形象受损。需要你努力克服的不良站姿有如下八种。

1. 身躯歪斜

古人对站姿曾经提出过基本的要求：立如松。这说明，在人们站立之时，以身躯直正为美，不要歪歪斜斜。在站立之时，若是身躯出现明显的歪斜，例如头偏、肩斜、身歪斜、腿曲，或膝部不直，不但直接破坏人体的线条美，还会给人以颓废消沉、萎靡不振的印象。

2. 弯腰驼背

弯腰驼背，其实是一个人身躯歪斜时的一种特殊表现。除腰部弯曲、背部弓起外，还同时伴有颈部弯缩、胸部凹陷、腹部挺出、臀部撅起等其他的不良体态。这些姿态会显得一个人缺乏锻炼，健康不佳，对个人形象的损害会更大。

3. 趴伏倚靠

在工作岗位上，你要确保自己"站有站相"，就不能在站立之时自由散漫、随便偷懒。在站立之际，随随便便趴在一个地方，伏在某处左顾右盼，倚着墙壁前趴或后靠，都是不允许的。

4. 双腿大叉

不管是采取基本的站姿，还是采取变化的站姿，均应切记：双腿分开的幅度越小越好，在可能之时，双腿并拢最好；即使两脚分开站立，通常也要注意不可使两脚之间的距离较本人的肩部还宽。注意到了这一点，才有可能使站姿标准。

5. 脚位不当

在工作岗位上站立时，双腿的具体位置是有一定规定的。双脚在站立之时呈 V 字式、丁字式、平行式等脚位，通常都是允许的，而人字式、蹬踏式则应避免。所谓人字式脚位，指的是站立时两脚脚尖靠在一处，而脚后跟之间却大幅度分开。有时，这一脚位又叫"内八字"；所谓蹬踏式，则是指站立时为图舒服，一只脚站在地上的同时，将另外一只脚踩在鞋帮上、踏在椅面上、蹬在窗台上、跨在桌面上。这两种脚位，看上去不甚美观。

6. 手位不当

在站立时，与脚位不当一样，手位如果不当，同样也会破坏站姿的整体效果。在站立时不当的手位主要有：一是将手放在衣服的口袋里，二是将双手抱在胸前，三是将两手放在脑后，四是将双肘支于某处，五是用双手托住下巴，六是手持私人物品。

7. 半坐半立

在工作岗位上，必须严守岗位规范，该站就站，当坐则坐，而不应擅自采取半坐半立之姿。一个人半坐半立时，既不像站，也不像坐，只能让别人觉得过分随意。

8. 浑身乱动

在站立时，是允许略作体位变动的。不过从总体上讲，站立乃是一种相对静止的体态，因此不宜在站立时频繁地变动体位，甚至浑身上下不停乱动。手臂挥来挥去，身躯扭来扭去，腿脚抖来抖去，都会使一个人的站姿变得难看。

二、行姿

（一）行姿的基本要求

行姿，也叫走姿。即行进姿势，指的是人在行走之时所采取的具体姿势。从总体上来讲，行姿是人体的动态姿势。它以人的站立姿势为基础，实际上是站立姿势的延续。

行姿的基本要点是：身体协调，姿势优美，步伐从容，步态平稳，步幅适中，步速均匀，走成直线。

在行进时，应当特别关注以下六点。

1. 方向明确

在行走时，必须保持明确的行进方向，尽可能在一条直线上行走。做到此点，往往会给人以稳重之感。具体的方法是，行走时脚尖正对着前方，形成一条虚拟的直线；每行进一步，脚跟部应当落在这一条直线上。

2. 步幅适度

步幅，又叫步度，是指人们每走一步两脚之间的正常距离。通俗地讲，步幅就是人们在行进时两脚之间的距离。步幅的大小往往会因人而异，对大多数人来讲，在行进之时，最佳的步幅应为本人的一脚之长，即行进时所走的一步，应当与本人一只脚的长度相近。男子每步约40厘米，女子每步约36厘米。与此同时，每一步的距离，还应大体保持一致。

3. 速度均匀

人们行进时的具体速度，通常叫作步速。步速固然可以有所变化，但在某些特定的场合，应当保持相对稳定和均匀，而不宜过快或过慢，或者忽快忽慢。一般认为，在正常情况下，每分钟走 60~100 步是比较合理的。

4. 重心放准

在行进时，能否放准身体的重心，极其重要。正确的做法是：起步之时，身体向前微倾，身体的重量落在前脚掌上；在行进的过程中，身体的重心随着脚步的移动不断向前过渡，切勿让身体的重心停留在自己的后脚上。

5. 身体协调

在行进时，身体的各个部位之间必须进行完美的配合。如欲在进行时保持身体的和谐，就需要注意：走动时脚跟首先着地，膝盖在脚落地时伸直，腰部应成为重心移动的轴线，双臂在身体两侧自然摆动。

6. 造型优美

行进的过程中，保持整体造型优美，是不容忽视的一个问题。要使自己在行进时保持优美的身体造型，就一定要做到昂首挺胸，步伐轻松而矫健。最为重要的是，行走时应面对前方，两眼平视，挺胸收腹，直起腰背，伸直腿部，全身从正面看犹如一条直线。

应当指出的是，由于男女有别，所以男性与女性在行进时，除了在原则性问题上大体一致以外，各自行进的具体姿势又具有不同的风格。一般说来，男性在行进时，通常速度稍快，脚步稍大，步伐奔放有力，充分展示男性的阳刚之美；女性在行进时，则通常速度较慢，步幅较小，步伐轻快飘逸，表现女性的阴柔之美。

（二）陪同引导时的行姿

陪同，指的是陪伴着别人一同行进；引导，则是指在行进之中带领别人。

在陪同引导服务时，若双方并排行进，陪同引导者应居于左侧；若双方单行行进时，则陪同引导者应居于左前方约1米的位置；当服务对象不熟悉行进方向时，一般不应请其先行，同时也不应让其走在外侧。

陪同引导客人时，一定要处处以对方为中心。行进的速度须与对方相协调，切勿走得太快或太慢。每当经过拐角、楼梯或道路坎坷、照明欠佳之处时，须提醒对方注意。

陪同引导客人时，有必要采取一些特殊的体位。请对方开始行进时，应面向对方，稍许欠身。在行进中与对方交谈或答复其问题时，应将头部、上身转向对方。

（三）变向行走的规范

所谓变向行走，就是在行进之中变换自己的方向，主要包括后退、侧行、前行转身、后退转身等。

1. 后退

扭头就走是很失礼的，可采用先面向交往对象后退几步，方才转体离去的做法。通常面向他人后退两三步，且后退时步幅宜小、脚宜轻擦地面。转体时，应身先头后。先转头或头与身同时转向，均不妥。

2. 侧行

在行进时，有两种情况需要侧身而行。一是与同行者交谈之时。此时的具体做法是，转向交谈对象，距对方较远一侧的肩部朝前，距对方较近一侧的肩部稍后，身体与对方保持一定距离。二是与他人狭路相逢时。此时宜两肩一前一后，胸部转向对方，而不是背向对方。

3. 前行转身

前行转身，指在向前行进之时转身而行。在前行中向右转身，应以左脚掌为轴心，在左脚落地时，向右转体90度，同时迈出右脚；在前行中向左转身，应以右脚掌为轴心，在右脚落地时，向左转体90度，同时迈出左脚。

4. 后退转身

后退转身，指在后退之时转身而行。它可分为三种情况。一是后退右转。先退几步，以左脚掌为轴心，向右转体90度，同时向右迈出右脚。二是后退左转。先退几步，以右脚掌为轴心，向左转体90度，同时向左迈出左脚。三是后退后转。先退几步，以左脚为轴心，向右转体180度，然后迈出右脚；或是以右脚为轴心，向左转体180度，然后迈出左脚。

任务二 蹲姿与坐姿

蹲姿是由站立的姿势转变为两腿弯曲和身体高度下降的姿势。蹲姿其实只是人们在比较特殊的情况下所采用的一种暂时体态。

人人都要坐,要说"不会坐"简直有点令人发笑。但其实并不是每个人都能掌握坐姿的奥妙。什么样的人该怎么坐,如何坐姿状态最佳,都是需要学习的。

一、蹲姿

(一) 蹲姿的适用情况

许多场合不允许采用蹲姿。只有遇到了下述几种比较特殊的情况,才可酌情采用。

(1) 照顾自己。有时需要整理一下鞋袜,这时可采用蹲姿。

(2) 捡拾地面物品。当本人或他人的物品落到地上,或其他需要从低处拾取物品的情况发生时,不宜弯身捡拾,不然身体便会呈现前倾后撅之态,极不雅观。面向或背对他人时这么做,则更为失礼。此刻,采用蹲姿最为恰当。

(3) 整理工作环境。在需要对自己的工作环境进行收拾、清理时,可采取蹲姿。

(4) 给予客人帮助。当客人坐处较低时,以站立姿势为其服务不文明、方便,也可改用蹲姿。

除了上述情况之外,一个人毫无缘由、旁若无人地蹲下,是失礼的表现。

(二) 标准的蹲姿

蹲姿不像站姿、走姿、坐姿那样使用频繁,因而往往被人所忽视。一件东西掉在地上,一般人会随便弯下腰,把东西捡起来。但这种姿势显得非常不雅。讲究举止的人,就应当讲究蹲姿。

1. 高低式蹲姿

男性在选用这一方式时往往更为方便。其要求是:下蹲时,双腿不并排在一起,而是左脚在前,右脚稍后。左脚应完全着地,小腿基本上垂直于地面;右脚则应脚掌着地、脚跟提起。此刻右膝低于左膝,右膝内侧可靠于左小腿的内侧,形成左膝高右膝低的姿态。臀部向下,基本上用右腿支撑身体。

2. 交叉式蹲姿

交叉式蹲姿通常适用于女性，尤其是穿短裙的人员，它的特点是姿势相对优美典雅。其特征是蹲下后腿交叉在一起，其要求是：下蹲时，右脚在前，左脚在后，右小腿垂直于地面，全脚着地，右腿在上，左腿在下，二者交叉重叠；左膝由后下方伸向右侧、左脚跟抬起，并且脚掌着地；两脚前后靠近，合力支撑身体；上身略向前倾，臀部朝下。

3. 半蹲式蹲姿

半蹲式蹲姿多于行进之中临时采用。基本特征是身体半立半蹲，其要求是：在下蹲时，上身稍许弯下，但不宜与下肢构成直角或锐角；臀部向下；双膝略为弯曲，其角度可根据需要调整，但一般应为钝角；身体的重心应放在一条腿上。

4. 半跪式蹲姿

半跪式蹲姿又叫单跪式蹲姿。它是一种非正式蹲姿，多用于下蹲时间较长的情况，或为了用力方便。它的特征是双腿一蹲一跪，其要求是：下蹲之后，一条腿膝盖、脚尖着地，臀部坐于脚后跟上；另一条腿则全脚着地，小腿垂直于地面；双膝同时向外，双腿尽力靠拢。

二、坐姿

（一）入座的礼节

入座，又叫就座或落座。入座时的基本要求如下。

1. 在适当之处入座

在大庭广众之处入座时，一定要坐椅子、板凳等常规的位置。坐在桌子上、窗台上、地板上，往往是失礼的。

2. 在他人之后入座

出于礼貌，与他人一起入座，或与对方同时入座时，一定要请对方先入座，切勿抢先入座。

3. 从座位左侧入座

最得体的入座方式是从左侧入座。当椅子被拉开后，身体在几乎要碰到桌子的距离站直，领位者把椅子推进来，腿弯碰到后面的椅子时，就可以坐下来了。用餐时，上臂和背部要靠到椅背，腹部和桌子保持约一个拳头的距离。两脚交叉的坐姿最好避免。

4. 注意尊卑

与他人同时入座时，应当注意座位的尊卑，并且主动将上座让于人。

5. 静音入座

入座时，要减慢速度，放松动作，尽量不要坐得座椅乱响，发出声音。

6. 坐下后调整体位

为使自己坐得舒适，可在坐下之后调整体位或整理衣服。但是这动作不可与入座同时进行。

7. 以背部接近座椅

在他人面前入座，最好背对着自己的座椅，不至于背对着对方。得体的做法是：先侧身走近座椅，背对其站立，右腿后退一点，以小腿确认座椅的位置，然后坐下。必要时，可以一手扶座椅的把手。

8. 向周围之人致意

在入座时，若附近坐着熟人，应主动跟对方打招呼。若身边的人不认识，亦应向其先点点头。在公共场合，要想坐在别人身旁，则还须先征得对方同意。

（二）坐下时上身的体位规范

入座以后，你身体的躯干部位无论是坐着不动还是左右不停摆动，都是失礼的。尤其是你的上身，最易受到周围的人的关注。

1. 端正头部位置

坐好后，不要出现仰头、低头、歪头、扭头等情况。坐定之后，应当头部抬起，双目平视，下巴内收。出于实际需要，允许低头俯看桌上的文件、物品，但在回答他人问题时，务必要抬起头来。在与人交谈时，可以面向正前方或者面部侧向对方，但不能将后脑勺对着对方。

2. 端正躯干部位

就座时，躯干要挺直，胸部要挺起，腰部与背部一定要直立。

在尊长面前，一般不宜坐满椅面。坐好后占其3/4左右，于礼最为适当；与他人交谈时，为表示对其的重视，不仅应面对对方，而且应将整个上身朝向对方。不过一定要注意，侧身而坐时，躯干不要歪扭倾斜。

3. 摆正手臂的位置

（1）放在身前桌子上。将双手平放在桌子边沿，或双手相握置于桌上，都是可行的。有时，也可将双手叠放于桌上。

（2）放在一条大腿上。侧身与人交谈时，宜将双手置于自己的大腿上。具体方法有二：其一，双手叠放；其二，双手相握。

（3）放在两条大腿上。具体办法有三：其一是双手各自放在一条大腿上；其二是双手叠放后放在两条大腿上；其三是双手相握后放在两条大腿上。要强调的是，将手放在小腿上，是不可以的。

（4）放在皮包或文件上。当穿短裙的女士入座，而身前没有屏障时，为避免"走光"，可将自己随身携带的皮包或文件放在并拢的大腿上，随后，将双手或叠或握，置于皮包或文件上。

（三）坐下时下肢的体位规范

上身的体位已经规范了，现在要做好下肢的规范。有人认为下肢的体位无所谓，那就错了。从礼仪角度来讲，下肢的礼仪同样重要。

一般来说，下肢的体位主要由双腿与双脚所处的不同位置所决定。常用的主要有以下几种。

1. 双腿垂直式

双腿垂直式适用于最正规的场合。主要要求是：上身与大腿、大腿与小腿都成直角，小腿垂直于地面；双膝、双脚（包括跟部）都完全并拢。

2. 垂腿开膝式

垂腿开膝式多为男性所用，亦较为正规。主要要求是：上身与大腿、大腿与小腿皆为直角，小腿垂直于地面；双膝允许分开，但不得超过肩宽。

3. 双腿斜放式

双腿斜放式适用于穿裙子的女士在较低处就座。主要要求是：双腿并拢，然后双脚同时向左或向右侧斜放，力求使斜放后的腿部与地面呈45度夹角。

4. 前伸后曲式

前伸后曲式是女性适用的一种坐姿，主要要求是：大腿并紧之后，向前伸出一条腿，并将另一条腿屈后；两脚掌着地，双脚前后保持在一条直线上。

5. 大腿叠放式

大腿叠放式多适合男性在非正式场合采用，主要要求是：两条腿在大腿部分叠放在一起；叠放之后位于下方的那条腿的小腿垂直于地面，脚掌着地；位于上方的另一条腿的小腿则向内收，同时宜脚尖向下。

6. 双脚交叉式

双脚交叉式适用于各种场合，男女皆可用，主要要求是：双膝并拢，然后双脚在踝部交叉；交叉后的双脚可以内收，也可以斜放，但不宜向前方远远地直伸出去。

7. 双脚内收式

双脚内收式适合在一般场合采用，男女皆宜。主要要求是：两条大腿并拢，双膝略为打开，两条小腿在稍许分开后向内微屈，双脚脚掌着地。

（四）端庄的坐姿

坐是一种静态造型，是非常重要的仪态。日常工作和生活都离不开这一姿势。对男性而言，更有"坐如钟"一说。端庄优美的坐姿，会给人以文雅、稳重、大方的美感。

1. 男子六种坐姿

（1）标准式。上身正直上挺，双肩平正，两手放在两腿或扶手上，双膝并拢，小腿垂直地落于地面，两脚自然分开成45度。

（2）前伸式。在标准式的基础上，两小腿前伸一脚的长度，左脚向前半脚，脚尖不要翘起。

（3）前交叉式。小腿前伸，两脚踝部交叉。

（4）屈直式。左小腿回屈，前脚掌着地；右脚前伸；双膝并拢。

（5）斜身交叉式。两小腿交叉向左斜出，上体向右倾，右肘放在扶手上，左手扶把手。

（6）重叠式。右腿叠在左腿膝上部，右小腿内收、贴向左腿，脚尖自然向下垂。

2. 女子八种坐姿

（1）标准式。轻缓地走到座位前，转身后两脚成小丁字步，左前右后，两膝并拢的同时上身前倾，向下落座。如果穿的是裙装，在落座时要用双手在后边从上往下把裙子拢一下，以防坐出皱褶或因裙子被坐住而使腿部裸露过多。坐下后，上身挺直，双肩平正,两臂自然弯曲,两手交叉叠放在两腿中部,并靠近小腹。两膝并拢,小腿垂直于地面,两脚保持小丁字步。

(2) 前伸式。在标准坐姿的基础上,两小腿向前伸出,两脚并拢,脚尖不要翘起。

(3) 前交叉式。在前伸式坐姿的基础上,右脚后缩,与左脚交叉,两踝关节重叠,两脚尖着地。

(4) 屈直式。右脚前伸,左小腿屈回,大腿靠紧,两脚前脚掌着地,并在一条直线上。

(5) 后点式。两小腿后屈,脚尖着地,双膝并拢。

(6) 侧点式。两小腿向左斜出,两膝并拢,右脚跟靠拢左脚内侧,右脚掌着地,左脚尖着地,头和身躯向左斜。注意大腿与小腿要成90度,小腿要充分伸直,尽量显示小腿长度。

(7) 侧挂式。在侧点式的基础上,左小腿后屈,脚绷直,脚掌内侧着地,右脚提起,用脚面贴住左踝,膝和小腿并拢,上身右转。

(8) 重叠式。重叠式也叫"二郎腿"等。二郎腿一般被认为是一种不严肃、不庄重的坐姿,尤其是女士不宜采用。其实,这种坐姿常常被采用,只要上边的小腿往内收、脚尖向下,不仅外观优美文雅,大方自然,富有亲近感,还可以充分展示女士的风采和魅力。

(五) 离座的礼节

做事要有始有终,因此离座时也非常重要,主要的离座要求如下。

1. 先有表示

离开座椅时,身旁如有人在座,须先以语言或动作向其示意,随后方可站起身。

2. 注意先后

与他人同时离座,须注意起身的先后次序。地位低于对方时,应稍后离座;地位高于对方时,则可首先离座;双方身份相似时,可同时起身离座。

3. 起身缓慢

起身离座时,最好动作轻缓,无声无息,尤其要避免弄响座椅,或将椅垫、椅罩弄得掉在地上。

4. 从左离开

离座起身后,宜从左侧离去。

5. 站起再走

离开座椅站定之后,方可离去。要是起身便跑,或是离座与走开同时进行,则会显得过于匆忙,有失礼节。

专题九　介绍礼仪

"做人先学礼",礼仪教育是人生的第一课。礼仪必须通过学习、培养和训练,才能成为人们的行为习惯。每一位社会成员都有义务和责任,学习礼仪、传承礼仪。个人文明礼仪一旦养成,必然会在社会生活中发挥重要作用。

任务一　自我介绍

一、自我介绍的场合和方式

自我介绍,就是在必要的社交场合,把自己介绍给其他人,让对方认识自己。恰当的自我介绍,不但能增进他人对自己的了解,还可以创造意料之外的机会。

(一) 自我介绍的场合

在商务场合,如遇到下列情况时,自我介绍就是很有必要的。
(1) 与不相识者共处一室。
(2) 不相识者对自己很感兴趣。
(3) 他人请求自己进行自我介绍。
(4) 在聚会上与陌生人共处。
(5) 求助的对象对自己不太了解,或一无所知。
(6) 前往陌生单位进行业务联系。
(7) 在旅途中与他人不期而遇而又有必要与人接触。
(8) 初次登门拜访不相识的人。
(9) 初次利用大众传媒,如报纸、杂志、广播、电视、标语、传单,向社会公众进行自我推荐、自我宣传。
(10) 利用社交媒介,如信函、电话、电报、传真、电子邮件,与其他不相识者进行联络。

（二）自我介绍的方式

1. 工作式

工作式的自我介绍的内容，包括本人姓名、供职的单位及部门、担任职务或从事的具体工作等。

2. 交流式

它是一种刻意寻求进一步的交流沟通，希望对方认识自己、了解自己、与自己建立联系的自我介绍。大体介绍本人的姓名、工作、籍贯、学历、兴趣及交往对象的某些熟人等。

3. 问答式

针对对方提出的问题，做出自己的回答。这种方式适用于应试、应聘和公务交往。在普遍性交际应酬场合，也有时可见。

4. 礼仪式

这是一种对交往对象表示友好、敬意的自我介绍，适用于讲座、报告、演出、庆典、仪式等正规的场合。介绍内容包括姓名、单位、职务等。自我介绍时，还应多加入适当的谦词、敬语，以示自己的敬意。

5. 应酬式

这种自我介绍的方式最简洁，往往只介绍姓名。它适合于一些公共场合和一般性的社交场合，如途中邂逅、宴会现场、舞会等。它的对象，主要是一般接触的人。

二、自我介绍的注意事项

（一）掌握分寸

1. 力求简洁，尽可能地节省时间

通常以半分钟左右为佳，如无特殊情况最好不要长于1分钟。为了提高效率，在自我介绍时，可利用名片、介绍信等资料加以辅助。

2. 在适当的时间进行

如要进行自我介绍，最好选择在对方有兴趣、有空闲、情绪好、干扰少、有要求之时。如果对方兴趣不高、工作很忙、干扰较大、没有要求、休息用餐或正忙于其他交际，则不太适合进行自我介绍。

（二）讲究态度和语言

1. 态度要自然、亲切、随和

整体上应落落大方，笑容可掬。

2. 语言自然，语速正常，吐词清晰

生硬冷漠的语气、过快过慢的语速，或者含糊不清的语音，都会严重影响形象。

3. 充满信心和勇气

忌妄自菲薄、心怀怯意。要直视对方的双眼，显得胸有成竹，从容不迫。

（三）追求真实

进行自我介绍时所表达的各项内容，一定要实事求是，真实可信。过分谦虚，一味贬低自己去讨好别人；或者自吹自擂，夸大其词，都是不足取的。

任务二 介绍他人

在人际交往活动中，经常需要为他人之间架起人际关系的桥梁。介绍他人又称第三者介绍，是经第三者为彼此不相识的双方引见、介绍的一种交际方式。介绍他人，通常是双向的，即对被介绍者双方各自作一番介绍。有时，也进行单向的他人介绍，即只将一方被介绍者介绍给另一方。介绍他人，需要把握下列几点。

（一）介绍他人的方式

由于实际需要不同，为他人进行介绍时的方式也不尽相同。

1. 一般式

一般式也称标准式，以介绍双方的姓名、单位、职务等为主，适用于正式场合。例如："请允许我来为两位引见一下。这位是安利公司营销部主任王美小姐，这位是刘氏集团副总胡明先生。"

2. 礼仪式

礼仪式是最为正规的第三者介绍，适用于正式场合。其语气、表达、称呼都更为规范和谦恭。例如："方先生，您好！请允许我把深圳利格公司的执行总裁董亮先生介绍给您。"

3. 推荐式

介绍者经过精心准备再将某人推荐给某人即为推荐式。介绍者通常会对前者的优点加以重点介绍。通常，推荐式适用于比较正规的场合。如："这位是刘洋先生，这位是天海公司的赵天海董事长。刘先生是经济学博士、管理学专家。赵总，我想您一定有兴趣和他聊聊吧。"

4. 引见式

如使用引见式，介绍者所要做的，是将被介绍者双方引到一起。引见式适用于普通场合。如："Ok，两位认识一下吧。大家其实都曾经在一个出版社共事，只是不是一个部门。接下来的，请自己说吧。"

5. 简单式

简单式只介绍双方姓名，甚至只提到双方姓氏，适用于一般的社交场合。如："我来为大家介绍一下,这位是胡总,这位是钱董。希望大家合作愉快。"

6. 附加式

附加式也可以叫强调式,用于强调其中一位被介绍者与介绍者之间的关系,以期引起另一位被介绍者的重视。如:"大家好!这位是远大公司的业务主管周小姐,这是小儿高星,请各位多多关照。"

(二) 介绍的顺序

根据商务礼仪规范,在处理为他人作介绍的问题上,必须遵守"尊者优先了解情况"的规则。先要确定双方地位的尊卑,然后先介绍位卑者,后介绍位尊者。这样,可使位尊者先了解位卑者的情况。

根据礼仪,为他人介绍时的规则顺序大致如下。

(1) 介绍长辈与晚辈认识时,应先介绍晚辈。

(2) 介绍女士与男士认识时,应先介绍男士,后介绍女士。

(3) 介绍已婚者与未婚者认识时,应先介绍未婚者,后介绍已婚者。

(4) 介绍上级与下级认识时,应先介绍下级,后介绍上级。

(5) 介绍同事、朋友与家人认识时,应先介绍家人,后介绍同事、朋友。

(6) 介绍与会先到者与后到者认识时,应先介绍后来者,后介绍先来者。

(7) 介绍来宾与主人认识时,应先介绍主人,后介绍来宾。

(三) 介绍时的细节

在介绍他人时,介绍者与被介绍者都要注意细节。

(1) 介绍者向被介绍者作介绍之前,要先征求被介绍双方的意见。

(2) 被介绍者在介绍者询问自己是否有意认识某人时,一般应欣然表示接受。如果实在不愿意,应向介绍者说明缘由,取得谅解。

(3) 当介绍者为被介绍者进行介绍时,被介绍者双方均应起身站立,面含微笑,目视介绍者或者对方。要注意自己的态度。

(4) 介绍者介绍完毕后,被介绍者双方应依照合乎礼仪的顺序进行握手,并且彼此使用"您好""久仰大名""幸会"等语句问候对方。

介绍他人认识,是人际沟通的重要组成部分。良好的合作,可能就从这一刻开始。

任务三 介绍集体

一、介绍集体基本形式

介绍集体，实际上是介绍他人的一种特殊情况，是指被介绍的一方或者双方不止一人的情况。介绍集体时，被介绍双方的先后顺序至关重要。

具体来说，介绍集体又可分为以下两种基本形式。

（一）单向式

所谓单向式，是指当被介绍的一方为一个人、另一方为多个人组成的集体时，往往可以只把个人介绍给集体，而不必再向个人介绍集体。

（二）双向式

所谓双向式，是指被介绍的双方皆为由多人组成的集体。在具体进行介绍时，双方的全体人员均应正式介绍。常规做法是，由双方负责人首先出面，依照主方在场者具体职务的高低，自高而低依次进行介绍。接下来，再由客方负责出面，依照客方在场者具体职务的高低，自高而低依次介绍。

二、介绍后如何记住他人姓名

一般人对自己的姓名都很关心。如果你记住了对方的名字，并随时能轻易而准确地叫出他的名字，他便会对你产生好感。相反，忘记或叫错、写错别人的名字，会使对方产生不快，进而对你产生不良印象，这样你就在人际关系中处于不利的地位。

记住别人姓名有时并不是一件容易的事。

首先，在记对方的姓名时，注意力一定要高度集中，不要受环境因素和内心其他情绪的干扰；有时为了增强记忆，可以请对方本人或介绍人重复一遍。

其次，对于那些外在形象有一定特征，而且这些特征与他的姓名又有一定关系的人，可以将其姓名脸谱化或将其身材形象化，便于记忆。

无论我们采用什么方法去记忆，都不可能听过就不忘，因此，很有必要把新结识的人的姓名记在通讯录上，经常重温。这样，我们就很难忘掉新朋友。

"记住别人"是交际手段之一，因为只有记住别人，才能与别人进一步交往，发展友谊。所以社交专家说，学会记住姓名吧，这是商务交往中通向成功的有效手段。

专题十　握手与名片礼仪

握手，是商务交际的一个重要组成部分。握手的力量、姿势和时间长短往往能够表达出对握手对象的不同礼遇和态度，显露自己的个性，给人留下不同印象。也可以通过握手了解对方的个性，从而赢得交际的主动权。

任务一　握手礼仪

在商务洽谈中，握手的时候，一定要注视对方的双眼，传达出你的诚意和自信，千万不要一边握手一边东张西望，这样别人从你那里体味到的只能是轻视或慌乱。那么，是不是注视时间越长越好呢？并非如此，握手只需要几秒钟即可，双方手一松开，目光即可转移。

如果要表达自己的真诚和热烈，也可较长时间握手，并上下摇晃几下。注意，作为企业的代表在洽谈中与对方握手时，一般不要用双手抓住对方的手上下摇动，那样显得太恭谦，无形中降低了自己的地位。

握手的力度要掌握好，握得太轻了，对方会觉得你在敷衍；太重了，人家会觉得你是个粗鲁的人。女士不要把手软绵绵地递过去，显得连握都懒得握的样子，既然要握手，就应大大方方。

在通常情况下，要用右手与人握手，除非你的右手残疾或者受伤了。即便你是左撇子，握手时也一定要用右手。

任务二　名片礼仪

名片是当代社会不论私人交往还是公务往来中最经济实惠、最通用的介绍媒介，被人称作自我的"介绍信"和社交的"联谊卡"，具有证明身份、广交朋友、联络感情、表达情谊等诸多功能。

一、交换名片的时机

遇到以下几种情况时，需要将自己的名片递交他人，或与他人交换名片。
（1）希望认识对方。
（2）表示重视对方。
（3）被介绍给对方。
（4）对方想要自己的名片。
（5）提议交换名片。
（6）初次登门拜访。
（7）通知对方自己的变更情况。
碰上以下几种情况，则不必将自己的名片递给对方，或与对方交换名片。
（1）对方是陌生人。
（2）不想认识对方。
（3）不愿与对方深交。
（4）对方对自己并无兴趣。
（5）经常与对方见面。
（6）双方之间的地位、身份、年龄悬殊。
对方递了名片之后，如果自己没有名片或没带名片，应当首先对对方表示歉意，再如实说明情况。

二、索取名片的礼节

不管你是公关也好，营销也罢，见了客人如要索取名片，一要保证把名片要过来，二是在此过程中给别人留下良好印象。索取名片有一定之规，可采用如下技巧。
（1）向对方提议交换名片。
（2）主动递上本人名片。

（3）询问对方"今后如何向您请教？"，此法适用于向尊长索取名片。
（4）询问对方"以后怎样与您联系？"，此法适用于向平辈或晚辈索要名片。

当他人索取名片，却不想给对方时，应用委婉的方法表达此意。可以说"对不起，我忘了带名片"，或者"抱歉，我的名片用完了"。

若本人没有名片，又不想说明时，也可以采用上述方法。

三、递交名片的礼节

在向别人索取名片的同时，你也要向别人递交你的名片，这样别人才会了解你。在递交名片时，要注意以下几点。

（一）观察意愿

除非自己想主动与人结识，否则名片务必要在交往双方均有结识对方并欲建立联系的意愿下发送。这种意愿往往会通过"幸会""认识你很高兴"等谦语以及表情、身体姿势等非语言符号体现。如果双方或一方并没有这种愿望，则无须发送名片，否则会有故意炫耀、强加于人之嫌。

（二）把握时机

发送名片要掌握时机，应选择初识之际或分别之时，不宜过早或过迟。不要在用餐、看戏剧、跳舞之时发送名片，也不要在大庭广众下向多位陌生人发送名片。

（三）讲究顺序

双方交换名片时，应当首先由位低者向位高者发送名片，再由后者回复前者。但在多人之间递交名片时，不宜以职务高低决定发送顺序，切勿跳跃式发送，甚至遗漏其中某些人。最佳方法是由近而远、按顺时针或逆时针方向依次发送。

（四）先打招呼

递上名片前，应当先向接受名片者打个招呼，令对方有所准备。既可先作一下自我介绍，也可以说声"对不起，请稍后""可否交换一下名片"之类的提示语。

（五）表现谦虚

对于递交名片这一过程，应当表现得郑重。要起身站立主动走向对方，面含微笑，上体前倾15度左右，以双手或右手持握名片，举至胸前，并将名片正面面对对方，同时说声"请多多指教""欢迎前来拜访"等礼节性用语。切勿以左手持握名片。递交名片的整个过程应当谦逊有礼、郑重大方。

在一般情况下，交换名片时，如果双方是坐着的，应当起立或欠身递送。

四、接受名片的礼节

递交名片要讲究礼仪，接受名片也不例外。当接受他人名片时，一定要讲究礼貌，主要应当做以下几点。

（一）态度谦和

接受他人递过来的名片时，态度要恭敬，要用双手去接，还要面带笑容，点头或道声"谢谢"，使对方感到你对他的名片感兴趣，并对他的举动表示欢迎。

（二）认真阅读

接受名片者应当礼貌地阅读名片上所显示的内容，必要时可以从上到下、从正面到反面看一遍，以表示对赠送名片者的尊重，同时也加深对名片的印象。切不可快速瞟一下，然后漫不经心地塞进衣袋，或随手弃于一旁，或拿在手中折来折去。这些都是对赠送名片者的不尊重。若对对方名片上的内容有所不明，可当场向对方请教。

（三）精心存放

接到他人名片后，切勿随意乱丢乱放、乱揉乱折，而应谨慎地置于名片夹内、公文包里、办公桌上或上衣口袋之内，且应与本人名片区别放置。如将他人名片放在桌子上，切不可在名片上放置别的东西，那样是带有侮辱性的。

（四）有来有往

接受了他人的名片后，一般应当即刻给对方一张自己的名片。没有名片、名片用完了或者忘了带名片时，应向对方作出合理解释并致以歉意，切莫毫无反应。如想得到对方的名片，可对方没有给你，应以请求的口吻说"如果没有什么不方便的话，是否能给我一张名片"。

五、放置名片的礼节

接受了别人的名片，应如何放置呢？这里面也有一定的学问。

（一）名片的放置

1. 放在名片夹里

随身携带的名片应使用较精致的名片夹，在着西装时，名片夹只能放在左胸内侧的口袋里。左胸是心脏的所在地，将名片放在靠近心脏的地方，其无疑是对对方的礼貌和尊重。不穿西装时，名片夹可放在自己随身携带的小手提包里。

2. 其他合适的地方

接到他人名片后，除了放在名片夹里，也可以将其置于公文包里、办公桌上或上衣口袋内，将名片放置于其他口袋内，甚至后侧裤袋里，是很失礼的行为。

（二）名片的管理

应及时把所收到的名片加以分类整理并收藏，以便于今后查找。不要将其随意夹在书刊、文件中，更不能随便扔在抽屉里。若一次需要接受的名片很多，最好将他人名片夹在一起。

存放名片要讲究方式方法，做到有条不紊。推荐的方法有：①按姓名拼音字母分类；②按姓名笔划分类；③按部门、专业分类；④按国别、地区分类；⑤输入商务通、电脑等电子设备中，使用其内置的分类方法。

名片是一个展现自己的小舞台，一定要充分认识和发挥它的功用。另外，在名片的设计上最好多花一点心思，使别人对你的名片印象深一点。

专题十一　乘坐电梯及公共交通工具礼仪

礼仪是最高的行为标准,是道德的外化。礼仪的起源、发展、变革、强化具有明显的时代特征。人们常说"无规矩不成方圆",这就要求我们在任何时候、任何地方都遵守公共秩序。

任务一　乘坐电梯礼仪

现代社会高楼大厦林立,搭乘电梯的时候要注意应有的礼节。

(1) 要注意安全。当电梯关门时,不要扒门或强行挤入。当电梯在升降途中因故暂停时,要耐心等候,不要冒险攀援而行。

(2) 要注意出入顺序。与不相识者同乘电梯,进入时要讲究先来后到,出来时则应由外而里依次走出,不可争先恐后。与熟人同乘电梯,尤其是与尊长、女士、客人同乘电梯时,则应视电梯类别而定:进入有人管理的电梯时,应主动后进后出,进入无人管理的电梯时,则应当先进后出。

(3) 电梯内由于空间狭小,千万不可抽烟,不能乱丢垃圾。在前面的人应站到边上,如果必要应先出去,以方便后面的人出去。

任务二 乘坐公共交通工具礼仪

一、乘公共汽车礼仪

乘公共汽车既便宜又方便，但是人多拥挤，尤其是在大城市，因此要求每位乘客遵守乘车礼仪就显得相当重要。

（1）乘公共汽车时，要自觉遵守交通秩序。车停稳后，等车上乘客下完再排队上车，同时要注意照顾老幼病残孕。

（2）进入车厢后要向里走。不要站在车门口，影响他人上车。乘车时主动给老幼病残孕和抱小孩的乘客让座，对方表示感谢，要礼貌回应。有空位时，要看看周围是否有更需要座位的人，如有，要向别人表示谦让。别人给你让座要表示感谢，不把包放在身边的座椅上。

（3）车内不要吸烟，不乱扔杂物，维护车内公共卫生。下雨天乘车，上车时要将雨具收起，以免沾湿他人衣服。携带的物品要放在适当的位置，如带硬物、尖物、脏物、湿物，要提醒周围乘客注意，禁止携带危险品上车。

（4）与乘客友好相待，多替别人着想。由于刹车等情况，车厢内有些碰撞应互相谅解，不可出言不逊。咳嗽、打喷嚏要用手帕或面巾纸捂嘴。车厢内不喧哗，不随地吐痰，不把腿伸到过道上，进出注意不踩碰别人。如自己踩碰了别人，要主动道歉。

（5）车到站时，等车停稳后才能下车。下车前，应提前换到车门前等候，节省时间，以免影响其他乘客上车。

二、乘火车礼仪

火车是老百姓常坐的交通工具之一，乘坐火车出行时，需要遵守一定的礼仪。

（1）要提前到站，在候车厅等候时，要爱护候车室的公共设施，不要大声喧哗；携带的物品要放在座位下方或前部，不抢占座位或多占座位；不要躺在座位上，使别人无法休息。保持候车室内的卫生，不要随地吐痰，不要乱扔果皮纸屑。

（2）检票时要自觉排队，不要拥挤、插队。进入站台后，要站在安全线后等候。要等火车停稳后，方可在指定车厢排队上车。上车时，不要拥挤、插队，不应从车窗上车。

（3）上车后应对号入座。火车车厢分软座、硬座、软卧、硬卧，因此要根据车票对号入座。

（4）入座后，可向临近的乘客点头致意。若要交谈，也以不妨碍他人为前提，如果身旁乘客正在阅读书刊或闭目养神，卧铺车厢的人正在睡觉，就应放低声音或停止说话。如果对其他乘客的书刊感兴趣，未经允许不要取阅，也不要悄悄地凑过去盯着别人手中的报纸、杂志看，可在他不看时有礼貌地向他借阅。

（5）火车上要讲究卫生。果皮纸屑不随地乱扔，也不要将废弃物装入塑料袋中投向窗外。车厢内严禁吸烟。很多高速车辆是封闭型车厢，若是有人在车上吸烟，必定会影响到车厢内的空气质量，引来其他乘客的不满。

（6）火车上要注意行为举止。在座席上休息时，不要东倒西歪，卧倒于座席上、茶几上、行李架上或过道上。不要靠在他人身上，或把脚跷到对面的座席上。男士不得穿背心甚至上身赤裸，也不得一坐下来就脱鞋。开窗时要照顾座位靠窗口的乘客，以免引发矛盾。

（7）去餐车用餐时，如果人数过多，应耐心排队等候。在用餐时，应节省时间，不要大吃大喝，猜拳行令。用餐完毕，应即刻离开，不要赖着不走，借以休息、聊天。

（8）下车时，应自觉排队等候，不要拥挤，不要踩在座椅背上强行从车窗下车。

三、乘轮船礼仪

船只是人们用作水上交通的主要工具。在日常生活里，当人们在江河湖海上进行旅行时，大都优先选择乘船。

（1）客船一般在启程前40分钟开始检票。旅客应提前到码头候船，特别是在中途站候船，更要注意。因为船舶在航行时受风向、水流的影响，到港时间可能有变化。

（2）上船时，一定要等船安全靠稳，待工作人员安置好上下船的跳板后再上船，上船后，旅客可根据指示牌寻找票面上规定的等级舱位。因船上的扶梯陡，所以上、下船时大家应互相谦让，并注意照顾年老者、小孩和女士。

（3）乘客船时要注意安全。风浪大时要防止摔倒；到甲板上要小心；带孩子的乘客要看住自己的孩子；吸烟的乘客要避免火灾；不要在船头挥动丝巾或晚上拿手电筒乱晃，以免被其他船误认为打旗语或灯光信号。

（4）乘船时要注意细节。如不要在船上四处追逐，不要在客房大吵大嚷，遇上景点拍照不要挤、抢等。另外，要注意船上的忌讳，如不要谈及翻船、撞船之类的话题，不要在吃鱼时说"翻过来""翻了"之类的话。

四、乘飞机礼仪

飞机已成为人们常乘的交通工具，机场和机舱是我们与其他乘客接触的地方，因此，机场礼仪是必须遵守的。乘飞机也有一些需要知晓的礼节。

（一）登机前的礼仪

（1）随身携带的手提箱、衣物等整齐地放入上方的行李舱中。要小心，不要让东西掉下来砸到下面坐着的乘客。通常，乘务员会在飞机起飞之前检查行李是否放好。不要给乘务员增添太多的麻烦，以免延误起飞时间。

（2）上飞机时，均有空乘小姐站立在机舱门口迎接乘客。她们会向每位通过舱门的乘客致以热情的问候。此时，乘客应有礼貌地点头致意或问好。

（二）登机后的礼仪

（1）按号入座，坐下时可以向旁边的乘客点头示意。对于很多工作繁忙的人来说，飞机上的时间是非常宝贵的休息或放松时间。想将座椅向后倾时，要先向后看一看，再缓缓将椅背后倾，以免撞到后座客人或弄翻饮料。

（2）飞机机舱内通风不良，因此，不要过多地使用香水，也不要使用味道浓烈的化妆品。

（3）保持卫生间的清洁。飞机上的卫生间是男女合用的，应排队依次使用，入内后要将门闩插紧，并尽量少占时间。用完洗脸池和梳妆台，要保持其清洁。在任何地方都不要留下不整洁的痕迹，这是举止文雅的第一要素。

（4）尊重空乘人员。空乘人员的工作非常重要，他们承担着保护乘客安全的重要职责。不要故意为难乘务员，如果你对他们有意见，可以向航空公司有关部门投诉。不要在飞机上与乘务员大吵大闹，以免影响旅途安全。按照国际惯例，所有空乘人员都不接受小费。

（三）停机后的礼仪

在飞机没有完全停稳之前不要站起，要等信号灯熄灭后再解开安全带。下飞机时不要拥挤，应当有秩序地依次走出机舱。

五、乘坐其他交通工具的礼仪

乘坐地铁、渡船、出租汽车等交通工具时，也要讲究文明礼貌。

（1）乘地铁时，基本的礼仪规则与乘公共汽车大同小异。坐地铁的时候，由于地铁的座位都是相对的，因此女性的坐姿稍不注意就很失态。女性不要叉腿坐，男性身体不可叉开两腿后仰或歪向一侧，也不要把两腿直伸开去，不停地抖动。

（2）乘渡船时，谨防码头的拥挤及渡船的超载。

（3）乘出租车时，站在道路右侧扬手招车，切忌在道路左侧、十字路口、人流密集处以及禁止停车的地方招手。两个乘客同时拦下一辆出租车时，要懂得谦让。

出租车靠边停稳后，应及时从右前车门或右后车门上车，关好车门并告之司机目的地。不要站在车外说到某地或讨价还价，以免阻碍交通。乘客应该坐在后排，一女一男时，女的坐边上，不坐中间。

在车内不与司机聊天，以免引起交通事故。同时要爱护环境，讲究卫生，不吸烟，不吐痰。到目的地后，男士或晚辈先下，然后照顾长辈或女士下车。禁止从车的左门下车，以防发生意外。注意带好随身物品，不要将垃圾、废弃物留在车上。

专题十二　商务社交礼仪

现代社会，尤其是"一带一路"背景下，经济的市场化和国家化、政治的民主化和法制化以及文化的多元化和交往方式的现代化，无不凸显着文化自信。国家维持良好社会秩序与社会关系的精神文明象征，国家间文明互鉴，构建人类命运共同体。

任务一　商务宴请礼仪

从事商务活动，会以举行餐饮活动的形式表示欢迎、庆贺、答谢、饯行等。宴请是一种交往形式，具有社交性、聚餐式和规格化三个特点，是人们结交朋友、联络感情、建立密切关系的重要手段。商务人员要想做到宴请时与宾主同乐，就必须对各种宴会的礼仪有一定的了解。

一、宴请者礼仪

为达到宴请目的，作为宴请者，应当熟悉和遵循宴请方面的礼仪。一次合乎礼仪的宴请，其本身常常就是一次成功的商务活动。

（一）迎宾

在宾客到达时，接待人员应热情迎接，并领到休息厅暂坐。开宴前，主人应陪主宾一道入席，接待人员安排其他人入座。

（二）宴会致辞

正式宴会一般会有致辞。致辞安排的时间各国不同。我国一般是一入席即致辞。

致辞时手持酒杯，可以在主桌旁起立讲话，也可以到布置好的讲台讲话。致辞内容要简练，用词明快生动，表明设宴的目的和要求，表示谦虚和敬意。致辞时，参加宴会的人员应暂停饮食，认真聆听，以表示尊重。

(三) 席间敬酒

在宴请的场合有主人向客人敬酒、宾客之间互相敬酒的习惯。在敬酒时，态度要稳重、热情、大方。宴会上互相敬酒，目的是互致友谊、活跃气氛。宾主应量力而行、适可而止，切忌强制劝酒，甚至酗酒。

(四) 热情交谈

在宴会过程中，大家可以互相自由交谈，但仍要注意不失礼仪。在整个宴会过程中，主人不要只和自己熟悉的一两个人交谈，或者坐在宴会上话语很少。宴会上的话题很多，应注意选择一些大众性、趣味性和愉悦性的话题。

(五) 适时结束宴会

宴会时间一般在 1~2 小时，不宜过长或过短。主人要适时把握宴会结束的时间，一般在客人吃完水果后，主人可以宣布宴会结束，同时对客人光临宴会表示感谢。主人和接待人员应把宾客送到门口，热情握手告别。

二、参加宴会者礼仪

宴请成功与否，除主办者对宴会安排是否周密细致外，参加宴会者的密切配合也是很重要的因素。商务人员在赴宴时应注意以下几个方面。

(一) 应邀

在接到邀请后，应尽早答复对方。接受邀请后不要轻易改动，如因故不能应邀出席，须致歉。

(二) 仪表整洁

出席宴会前，赴宴者要注意服装的整洁和个人卫生，至少要穿上一套合体的服装。若是参加正式宴会，应穿请柬上所规定的服装。参加宴会时要精神饱满、容光焕发，这样能增添宴会的隆重气氛，适应和谐的环境，也是对主人和其他来宾的尊重。

(三) 抵达入座

如主人恭迎，则应先向主人握手、问好、致意，然后按照主人事前安排好的桌次和席位入座。不得随意入座，坐姿要端庄、自然。

(四) 进餐

在主人致辞完毕，经主人招呼后，即可进餐。餐别不同，礼仪要求也不一样。

(五) 交谈

参加任何宴会，无论处于何种地位，都免不了和同桌人交谈，特别是邻座。如互相不认识，可以先进行自我介绍。

(六) 礼貌告别

宴会结束后，应向主人表示谢意。如主人备有小礼品相赠，不论价值轻重，都应欣然收下并表示感谢。

(七) 致谢

宴会后，在合适的时候给主人打电话致谢，可加深印象、增进友谊，为之后的进一步合作打好基础。

任务二　商务通讯礼仪

一、打电话的礼仪

（一）时间的选择

打电话应考虑何时去电话最合适。在别人不方便时去电话是很不礼貌的行为。如果不得不在对方不方便的时候去打搅，应当先表示歉意并说明原因。

（二）礼貌问候

电话拨通后，应先说一声"您好"。得到明确答复后，报出自己要找的人的姓名。如电话号码拨错了，应向对方表示歉意，切不可无礼地挂断电话。

（三）做好记录

通话时要用心听，最好边听边做笔记。在电话中交谈时应集中注意力，切不可边打电话边和身边的人交谈。不得不暂时中断通话时，应向对方说："对不起，请稍等一会儿。"

（四）适时结束通话

通话时间要适可而止，视具体情况而定。结束通话时，可以把刚才谈过的问题适当重复和总结一下。放话筒的动作要轻，这些声音对方也能听到。话筒放稳前，千万不可发牢骚、说怪话，对刚才的交谈妄加评论，以免被对方听到。

二、接电话的礼仪

如何接电话，也是门艺术。听到电话铃声，应尽快放下手中的事情去接电话。通话要结束时，请等待对方先放下电话，再轻轻放下自己的电话。需要指出的是，无论在哪里接电话，都要文雅、庄重，应轻拿、轻放。把电话机移向自己身边时，不要伸手猛拉过来。通话时应声调适中，语气柔和沉稳。

三、电话礼仪的注意事项

(一) 电话的声音礼仪

接打电话时，双方的声音是一个重要的社交因素。因双方不能见面，就只能凭声音进行判断，个人的声音不仅代表了自己的独特形象，也代表了组织的形象。所以打电话时，首先要尽可能说标准的普通话，以易于沟通，而且普通话是最富有表现力的语言。其次，要让声音听起来充满表现力，声音要亲切自然，使对方感受到自己精神饱满、认真敬业。再次，说话时面带微笑。微笑的声音富有感染力，且可以通过电话传递给对方，使对方有一种温馨愉悦之感。

(二) 电话的语言礼仪

语言表达尽量简洁明了，吐字要清晰，不要对着话筒发出咳嗽声或吐痰声。措辞和语法都要切合身份，不可太随便，也不可太生硬。

称呼对方时要加头衔，无论男女，都不可直呼其名，即使对方要求如此称呼，也不可用得过分。切不可用轻浮的言语。

(三) 出现线路中断情况

当通话时线路突然中断时，打电话的一方应重拨，接通后应先表示歉意。即使通话即将结束时出现线路中断，也要重拨继续把话讲完。要是在一定时间内打电话的一方仍未重拨，接电话方也可拨过去。

(四) 准时等候约定的回电

如果约定某人某时回电话，届时一定要开手机或在办公室等候。有事离开办公室时，务必告诉同事自己返回的准确时间，以防有人打来电话却无人接听。

(五) 妥善处理电话留言

对于电话留言必须在 1 小时内给予回复。因为不能及时回电话，就意味着不尊重对方。如果回电话时恰好遇到对方不在，一定要留言，表明已经回过电话。即使找不到对方所需要的资料，也要让对方知道自己是诚恳负责的，这是最基本的礼仪。如果自己确实无法亲自回电，也要托他人代办。

（六）通话时受到各种干扰

如果进入别人办公室时，正好别人在通话，应轻声道歉并迅速退出，否则是很不礼貌的。如果通话时间不太长，所谈也并非什么保密的事，接听电话的人也许会示意自己坐下稍候，此时应尽可能坐在旁边等待，但绝不可出声干扰。如果确有急事要打断正在打电话的人，可将要谈的问题写在便条上放在他的眼前，然后退出。

四、正确使用手机

移动电话是商业活动中最便捷的通信工具。手机和座机一样，使用中也有一些注意事项。

（1）在参加高度保密的重要会议时，不要携带手机进场；如果携带手机进场，要关闭手机电源，并将电池取出。

（2）在重要聚会、重要仪式、音乐会、电影院等场合，应将手机设置为振动状态或暂时关机；若有重要来电必须接听，应先迅速离开现场，再开始与对方通话；如果实在不能离开，又必须接听，则要压低声音。一切动作以不影响在场的其他人为原则。

（3）平时与人共进工作餐时（特别是自己请客户时）最好不要打手机，如果有电话，最好说一声"对不起"，然后去洗手间接，而且一定要简短，这是对客户的尊重。

五、收发传真、电子邮件礼仪

（一）收发传真时的礼仪

传真机是远程通信方面的重要工具，因方便快捷，在商务活动中使用越来越频繁，可部分取代邮递服务。起草传真稿时应做到简明扼要，收发传真时应文明有礼。

（1）在发传真之前，商务人员应先打电话通知对方。

（2）在收到他人的传真后，商务人员应当在第一时间采用适当的方式告知对方；需要办理或者转交时，切不可拖延时间，耽误对方的要事。

（3）书写传真件时，在语气和行文风格上，应做到清楚、简洁、且有礼貌。传真信件必须用写信的礼仪，称呼、签字、敬语等均不可缺少，尤其是签字，这不仅是礼貌问题，只有签字才代表这封信函是经发信者同意的。

（二）收发电子邮件（E-mail）礼仪

电子邮件是一种重要的通信方式。电子邮件礼仪已经成为商务礼仪的一部分。商务人员在收发电子邮件时应注意以下问题。

（1）书写电子邮件时，语言要简略，所用字体和字号要让收件人看起来不费力，写完后检查有无拼写错误和语句问题。

（2）重要的电子邮件可以发送两次，以确保能发送成功。发送完毕后，可通过电话等询问是否收到邮件，通知收件人及时查阅。

（3）收到电子邮件应尽快回复。如果暂时没有时间，就先简短回复，告诉对方已经收到邮件，随后会详细回复。

六、电子商务礼仪

电子商务指交易当事人或参与人利用现代信息技术和计算机网络（主要是互联网）所进行的各种商业活动，包括货物贸易、服务贸易和知识产权贸易。

电子商务礼仪主要是为客户资料保密和保护客户的隐私权。在网络环境下，人们可以通对网络的便捷服务完成教育、娱乐、购物等行为，甚至接受医疗服务，这时电子商务公司应对客户的个人资料进行保密。如需使用应先征询客户意见。此外，客户应有权利修改或删除个人相关资料，不尊重客户者绝对会失去客户的信任。

专题十三　　商务接待与拜访

接待与拜访是商务活动中最常见的礼仪活动,往往与各种具体的商务活动结合在一起进行。例如,谈判之前、推销过程中、参观等都伴随着接待与拜访活动。令人满意的、正式的接待与拜访活动对于建立联系、发展友情、促进合作有重要的作用。特别是商业企业,更应该了解接待与拜访的基本礼仪规范,为企业塑造良好的形象。

任务一　　商务接待礼仪

在经济全球化的过程中,商业正扮演着日益重要的角色,商业往来成为人们交往的重要组成部分。随着企业业务往来的增加、对外交往面的扩大,商务接待工作越来越重要。

一、迎接礼仪

迎来送往,是社会交往接待活动中最基本的形式和重要环节,是表达主人情谊、体现素养的重要方面。尤其是迎接,是给客人良好第一印象的环节。迎接客人要有周密的部署,应注意以下事项。

(1)对于前来访问、洽谈业务、参加会议的外国、外地客人,应首先了解对方到达的车次、航班,安排与客人身份、职务相当的人员前去迎接。若因某种原因,相应身份的人员不能前往,前去迎接的人员应向客人进行解释。

(2)到车站、机场去迎接客人时,主人应提前到达,恭候客人的到来,绝不能迟到。

(3)应提前为客人准备好交通工具,不要等到客人到了才匆忙准备,那样会因让客人久等而误事。

(4)将客人送到住地后,主人不要立即离去,应陪客人稍作停留,热情交谈,但不宜久留,让客人早些休息。分手时将下次联系的时间、地点、方式等告诉客人。

二、招待礼仪

在接待工作中，对来宾的招待乃是重中之重。要做好招待工作，重要的是以礼待客。

客户来访时，主人应微笑着问候客人并与客人握手，招待客人入座或与客人一起入座。入座前，应告诉客人衣帽挂在何处，也可帮助客人将衣帽挂起来，并指引客人坐于何处。接着应马上奉茶。奉茶前可事先询问客人的喜好，选择茶、咖啡或其他饮料。奉茶时左手捧着茶盘底部，右手扶着茶盘的外缘，依职位的高低顺序端给不同的客人，再依职位高低端给自己公司的同仁。如有点心则放到客人的右前方，茶杯应摆在点心右边。上茶时应右手端茶，从客人右方奉上，面带微笑，眼睛注视对方。

茶不要装得太满，以八分满为宜。水温不宜太烫，以免客人不小心被烫伤了。

会见之前，应准备好相关资料，不要在会见进行时随意进出、拿资料。

三、送客礼仪

在一般情况下，不论宾主双方会晤的具体时间有无约定，客人告辞均须由对方首先提出。主人先提出送客，或以自己的动作、表情暗示厌客之意，都是极不礼貌的。当来宾提出告辞时，主人通常应对其加以热情挽留。若来宾执意离去，主人可在对方率先起身后再起身相送。

主人在送客时可送至大门外、电梯口，甚至送上车并帮客人关车门。接待人员不可在客人上车后就离去，应待客人坐车离开视线后再离去。

任务二　商务拜访礼仪

商务活动需要经常前往不同的地方拜访客户。拜访客户的目的无外乎是广泛开展业务联系，发展新客户，巩固老客户，不断加强联络，沟通感情。拜访工作要想达到预期效果，商务人员就必须遵守一定的礼仪和规范。

一、办公室拜访礼仪

办公室是企业、行政机关及各种社会组织处理往来事务的重要场所，也是商务性拜访的常至之处。做好办公室拜访，应注意从以下几个方面。

（一）拜访前要预约

拜访要事先和对方约定，具体的联系方式可以是打电话，也可以是写信。约定好时间后不能失约，要按时到达，不要迟到，也不可过早到达。确实因特殊原因不能如约前往时，要及时向对方说明，另行约定时间。

（二）拜访前要注意修饰仪表

拜访前应整理头发，刮净胡须；服装要整洁，鞋子要干净，显示出对对方的尊重和对会面的重视。仪容不整进行拜访是极不礼貌的。

（三）到达后要礼貌地进入室内

到达办公室门口，要稍稍整理一下头发和服装，然后轻叩两三下门，经允许后方可进入。

（四）节省时间进入正题

拜访时尽早将话题转到正题上来，简要说明来意。待对方表示同意并达到目的后，应及时告辞，以免影响对方的工作。

（五）礼貌告辞

拜访结束时，应礼貌地告辞，对对方的热情接待表示感谢，对进一步合作表达诚意。

二、宾馆拜访礼仪

商务活动中,如有同本企业或个人有联系的外地客商到本地来参观、学习、考察或进行其他活动。在得知此消息后,应该前往客人下榻的宾馆,进行礼节性的拜访。

(一) 约定时间

到宾馆拜访客人前,应先同对方约定好拜访时间。时间多由对方确定,在约定时间的同时,要问清对方下榻宾馆的位置、楼层、房间号及联系电话等。

(二) 服饰整洁

宾馆是较正规的场所,进出时服饰要整洁。若穿着不当,有可能被拒之门外;即使不被阻挡,也会招来别人异样的目光。

(三) 敲门入内

进入客人房间以前,要先核对房间号,证实无误后,可轻轻叩门。客人开门后,先进行自我介绍,双方身份得到证实,待客人允许进入时,才可入内。

(四) 及时告辞

宾馆拜访的时间不宜太长。一切安排妥当后,要及时告辞。

(五) 遵守宾馆的各项规定

到宾馆拜访客人,应遵守宾馆的各项规定。如不在禁止吸烟处吸烟,不要在宾馆的前厅及走廊上跑动,等等。走路时脚步要轻,与服务员或客人讲话时声音要小,态度要友好。

三、拜访异性客商礼仪

因工作的需要,单独拜访异性客商是常有的事。由于性别的差异,在拜访时应特别注意礼节,以免引起对方的误会或其他人的猜疑,影响拜访效果。

(一) 提前预约

拜访异性客商,同样要事先约好时间。无论与拜访对象是熟悉的还是不熟悉的,都需要预约，并且最好由对方确定时间。未曾约定的任何异性拜访多半是不受欢迎的，有时甚至是令人尴尬的。

（二）选择合适的拜访时间

对异性客商的拜访在时间的选择上一定要考虑周到，要避免时间过早或过晚，以及用餐时间和节假日，否则会造成不便，也容易引起其他人的猜疑和误解。

（三）服饰要整洁大方

在拜访异性客商时，服饰准备是必要的。可以根据被拜访者的身份和拜访的场所等因素进行选择，但不能过分打扮。

（四）言语要真诚得体

拜访异性客商时，讲话要自然诚恳，不要闪烁其词，更没必要羞怯不安。用语要谨慎，不可乱开玩笑，动作手势不宜幅度过大，保持稳重平和的态度，争论问题须有节制。如果不是代表公司，最好不要向异性客商赠送任何礼物。

（五）适时告辞

拜访异性客商，时间不宜过长。拜访过程中，如基本目的已经达到，就应选择时机告辞，具体应视拜访进程而定。过早走，会被认为心不诚，只是应付；过迟走，又易引起被拜访者的厌烦。所以要选择恰当时机适时告辞。

四、拜访外商礼仪

在拜访外商时需要严格遵守的礼仪规范，主要有以下六条。

（一）有约在先

拜访外国人时，切勿未经约定便不邀而至。尽量避免前往其私人居所进行拜访。约定的具体时间通常应当避开节日、假日、用餐时间、过早或过晚的时间，及其他一切对方不便的时间。

（二）守时践约

这不仅是为了讲究个人信用，提高办事效率，也是尊重拜访对象的表现。如因故不能准时抵达，务必及时通知对方，必要的话，可将拜访另行改期。在这种情况下，一定要向对方道歉。

(三) 进行通报

进行拜访时,倘若抵达约定的地点后,未与拜访对象直接见面,或对方没有派人员在此迎候,则在进入对方的办公室或私人居所的正门之前,有必要先向对方进行通报。

(四) 登门有礼

当主人开门迎客时,务必主动向对方问好,互行见面礼节。倘若主人不止一人,则对对方的问候与行礼,必须在先后顺序上合乎礼仪。标准的做法有二:其一,先尊贵后一般;其二,由近而远。在此之后,在主人的引导下,进入指定的房间,切勿擅自闯入。在就座之时,要与主人同时入座。倘若自己到达后,主人处尚有其他客人在座,应当先问一下主人,自己的到来会不会影响对方。为了不失礼仪,在拜访外国友人之前,随身携带一些备用的物品,主要是纸巾、擦鞋器、袜子与爽口液等,简称"涉外拜访四必备"。入室后要"四除去",即摘掉帽子、墨镜、手套,脱下外套。

(五) 举止有方

在拜访外国友人时要注意自尊自爱,并且以礼待人。与主人或其家人进行交谈时,要慎择话题。切勿信口开河,出言无忌。与异性交谈时,要讲究分寸。对于主人家里遇到的其他客人要表示尊重,友好相待。不要冷落对方,置之不理。若遇到其他客人较多,要以礼相待,一视同仁。未经主人允许,不要在主人家中四处乱闯,随意乱翻、乱动、乱拿主人家的物品。

(六) 适可而止

在拜访外商时,一定要注意在对方的办公室或私人居所里停留的时间。从总体上讲,应当具有良好的时间观念,不要因为自己停留的时间过长,而打乱对方既定的其他日程。在一般情况下,礼节性的拜访,尤其是初次登门拜访,应控制在一刻钟至半小时之内。最长的拜访,通常也不宜超过两小时。有些重要的拜访,往往须由宾主双方提前议定拜访的时间和长度。在这种情况下,务必要严守约定,绝不单方面延长拜访时间。自己提出告辞时,主人表示挽留,仍须执意离去,但要向对方道谢,并请主人留步,不必远送。在拜访期间,若遇其他重要的客人来访,应当机立断,及时告辞。

专题十四　会务与谈判礼仪

与人为善、以礼待人，是待人接物的基本道德修养。在会务与商务谈判中，讲究礼仪，有助于提升形象，促成合作。

任务一　商务会议概述

会议，又称集会或聚会。在现代社会里，它是人们从事各类有组织活动的一种重要方式，是人们聚集在一起，对某些议题进行商议或讨论的集会。

在商界，由于会议发挥着不同的作用，因此便分为多种类型。依照会议的具体性质，商界的会议大致可以分为如下四种类型。

1. 业务型会议

业务型会议是指商界的有关单位所召开的专业性、技术性会议，例如展览会、供货会等。

2. 行政型会议

行政型会议是指商界的各个单位所召开的工作性、执行性会议，例如行政会、董事会等。

3. 社交型会议

社交型会议是指商界各单位以扩大本单位的交际面为目的而举行的会议，例如茶话会、联欢会等。

4. 群体型会议

群体型会议是指商界各单位内部的群众团体或群众组织所召开的非行政性、非业务性会议。例如职代会、团代会等，会议目的旨在争取群体权利，反映群体意愿。

除群体型会议之外，其他三类会议与商界各单位的经营、管理直接相关，因此被称为商务会议。在商务交往中，商务会议通常发挥着极其重要的作用。

在许多情况下，商务人员往往需要亲自办会。所谓办会，指的是从事会务工作，即负责从会议的筹备直至结束、善后的一系列具体事项。

　　商务人员在负责办会时，必须注意两点。一是办会要认真。奉命办会，就要全力投入，审慎对待，精心安排，务必开好会议，处处一丝不苟。二是办会要务实。召开会议，重在解决实际问题。在这一前提下，要争取少开会开短会，严格控制会议的数量与规模，改善会风。

任务二　参会者礼仪规范

一、主持人的礼仪

商务会议的主持人，一般由具有一定职位的人来担任，其礼仪表现对会议能否圆满成功有重要的影响。

（1）主持人应衣着整洁、大方庄重、精神饱满，切忌不修边幅、邋里邋遢。

（2）走上主席台时应步伐稳健有力，行走的速度由会议的性质决定。一般来说，欢快、热烈的会议步频应较快。

（3）如果是站立主持，应双腿并拢、腰背挺直。单手持稿时，右手持稿的底中部，左手五指并拢自然下垂；双手持稿时，应与胸齐高。如是坐姿主持，应身体挺直、双臂前伸。两手轻按于桌沿，主持过程中，切忌出现搔头、揉眼、搔腿等不雅动作。

（4）主持人对会场上的熟人不能打招呼，更不能寒暄闲谈。会议开始前，或会议休息时间可点头、微笑致意。

二、会议发言人的礼仪

会议发言有正式发言和自由发言两种，前者一般是领导报告，后者一般是讨论发言。正式发言者，应衣冠整齐，走上主席台时应步态自然、刚劲有力，体现成竹在胸、自信自强的风度与气质。发言时应口齿清晰，逻辑严密，语言简明扼要。如果是书面发言，要时常抬头扫视会场，不能低头读稿，旁若无人。发言完毕，应对听众表示谢意。

自由发言注意讲究顺序和秩序，不能争抢发言；发言应简短，观点应明确；与他人有分歧时，应以理服人、态度平和，听从主持人的指挥，不能只顾自己。

如果有会议参加者对发言人提问，应礼貌回答，对于不能回答的问题，应礼貌地说明理由，对提问人的批评和意见应认真听取，即使提问者的批评是错误的，也不应失态。

三、会议参加者礼仪

会议参加者应衣着整洁，仪表大方，准时入场，进出有序，依会议安排落座。开会时应认真听讲，不要私下小声说话或交头接耳。发言人发言结束时，应鼓掌致意。中途退场应轻手轻脚，不影响他人。

任务三 几种常见的商务会议礼仪

一、展览会礼仪

展览会，简称为展览，或称为展示、展示会。对商界而言，主要是指有关单位、行业组织或政府所组织的推广介绍商业产品和技术、促进商品宣传和流通的商业性聚会。

展览会礼仪，通常是指商界单位在组织、参加展览会时，所应当遵循的规范与惯例。举办展览会要注意以下礼仪。

（1）在展位上工作的人员应当统一着装，最佳的选择是身穿本单位的制服，或者穿深色的西装、套裙。参展单位若安排专人迎接宾客，最好请礼仪人员身穿色彩鲜艳的旗袍，并胸披写有参展单位或其主打展品名称的大红色缎带。全体工作人员除礼仪人员外，都应佩戴标明本人单位、职务、姓名和有本人彩照的胸卡。

（2）要努力维护整体形象。工作人员不应佩戴首饰，男士应当剃须，女士则最好化淡妆。站立迎客，不迟到、早退，时时注意礼貌待人。

（3）当观众走近自己的展位时，工作人员应面向对方，稍许欠身，面带微笑伸出左手，掌心向上，指尖直指展台，并告知对方"欢迎参观"。

（4）当观众在本单位的展位上进行参观时，工作人员可随行其后，以便对方进行咨询；对于观众所提出的问题要认真回答，不允许置之不理，或用粗鲁言行对待对方。

（5）当观众离去时，工作人员应当真诚地向对方欠身施礼，并道以"谢谢光临"或"再见"。

（6）在任何情况下，工作人员均不得对观众恶语相向或讥讽嘲弄。对于不守展览会规则乱拿展品的观众，也应以礼相劝，必要时可请保安人员协助，但不允许对观众擅自动粗，进行打骂、扣留或者非法搜身。

二、展销会礼仪

展销会是边展览、边销售的一种商业活动形式，兼有展览和销售两种功能，用于集中宣传某类产品或突出宣传企业的各种产品。举办展销会要注意以下礼仪。

（1）展销会的环境布置要隆重、典雅，体现独特文化氛围。展区布置要具有鲜明的特色和富有感染力，展销产品的摆放要讲究艺术性和技巧性，既要突出产品特点，又要方便顾客购买。

（2）展销会的营业员和工作人员要给来宾留下良好的印象，服饰要整洁统一，仪容要修整，佩戴有关标志，面带微笑迎送每一位来宾。在展销厅的各个商品展区，都要有礼仪小姐或礼仪先生，主动为顾客介绍商品，并耐心对待顾客的咨询。

（3）展销会的目的是扩大业务联系，扩大宣传，增加营业额，因而对所有客户，无论是新客户还是老客户，大客户还是小客户，都要给予同样的礼遇。

在有许多竞争产品参展时，切不可为推销自己的产品而贬低别人的产品，可以着重介绍自己产品的优点，不可以进行比较性介绍。

三、洽谈会礼仪

洽谈会也是一种重要的商务活动。一个成功的洽谈会，既要讲谋略，更要讲礼仪。

1. 洽谈会的礼仪性准备

洽谈会是单位和单位之间的交往，所以应该表现出敬业、专业、干练、高效的形象。在仪表上，要有严格的要求。如男士不准蓬头垢面，不准留胡子或留大鬓角。女士应选择端庄、素雅的发型，化淡妆。摩登或超前的发型、染彩色头发、化浓妆或使用香气浓烈的化妆品，都不可以。在服饰上，应该穿着正统、简约、高雅、规范的礼仪服装。男士应穿深色三件套西装，打素色或条纹式领带，配深色袜子和黑色系带皮鞋。女士要穿深色西装套裙和白衬衫，配丝袜和黑色皮鞋。

2. 洽谈会的座次礼仪

在洽谈会上，应当特别重视座次问题。

在进行洽谈时，各方的主谈人员在自己一方居中而坐。其余人员则应依照职位高低先近后远、先右后左分别在主谈人员的两侧就座。如果有翻译，可以安排坐在主谈人员的右边。举行双边洽谈时，应使用长桌或椭圆形桌子，宾主应分别坐在桌子两侧。桌子横放的话，面对正门的一方为上，属于客方；桌子竖放的话，以进门的方向为准，右侧为上，属于客方。

举行多边洽谈时，为了避免失礼，按照国际惯例，一般以圆桌为洽谈桌举行"圆桌会议"。这样一来，尊卑的界限就被淡化了。即便如此，在就座时，仍然讲究各方的与会人员尽量同时入场，同时就座，主方人员不要在客方人员之前就座。

任务四 谈判礼仪

一、谈判之前

商务谈判之前首先要确定谈判人员,参加谈判的代表应与对方谈判代表的身份、职务相当。

谈判代表良好的综合素质,首先从外表上得以体现,如整理好自己的仪容仪表,穿着要整洁正式、庄重;男式刮净胡须,穿西服打领带;女士穿着整洁朴素,不宜穿细高跟鞋,应化淡妆。

布置好谈判会场,采用长方形或椭圆形的谈判桌,以正门右手座位或对面座位为尊,应让给客方。

谈判前要对谈判主题、内容、议程充分准备,制订好计划、目标及谈判策略。

二、谈判之始

谈判双方代表接触时的第一印象非常重要。谈判之始,要尽可能营造出友好、轻松的谈判气氛。

商务人员进行自我介绍时仪态要自然大方,不可露傲慢之意。被介绍到的人应起立微笑。询问对方时要客气,如"请教尊姓大名"等。如有名片,应双手接递。介绍完毕,可选择双方都感兴趣的话题进行交谈。适当进行寒暄,以沟通感情,营造轻松氛围。

开始时的姿态对把握谈判节奏起重大作用。应目光注视对方双眼至前额的三角区域,使对方感到被关注。手心朝上比朝下好,手势自然,不宜乱打手势,以免造成轻浮之感。不要双臂交叉在胸前,显得十分傲慢无礼。

三、谈判之中

选择在气氛和谐时提出问题,态度要开诚布公,切忌在气氛比较冷淡或紧张时询问,言辞不可过激或追问不休,以免引起对方反感甚至恼怒。但对于原则性问题应当据理力争。对方回答问题时不宜随意打断,回答完了应征求对方的反馈。

在磋商阶段,因关系双方利益,容易一时情急而失礼,因此要特别注意保持风度。

坦诚相见是最好的礼仪，磋商应心平气和，求大同，存小异。措辞应文明礼貌，在坚持原则的情况下可以进行必要的让步。

四、谈后签约

谈判达成协议后要举行签约仪式，一般选在宽敞的会议室，设一张长桌，盖深色台布，桌后并排放两张椅子。面对门主方在左、客方在右，将事先打印好的文本摆放桌上，分别放好签字用具，正中放一束鲜花。签字桌后墙上可贴上会标，写明"××合同签约仪式，××××年×月×日"之类的标题。

举行签约仪式时，双方参加谈判的人员都要出席，共同进入会场，相互致意握手，一起入座。双方都应设助签人员，分立在各自一方代表签约人外侧，其余人排列整齐站在各自一方代表身后。

仪式开始后，助签人员协助签字人员打开文本，并用手指明签字位置。双方代表各自在己方的文本上签字，然后由助签人员互相交换，代表再在对方文本上签字。

签字完毕，文本就产生法律效力，这时双方应同时起立，交换文本，并相互握手，祝贺合作成功。其他随行人员则应该报以热烈的掌声，表示对签约的祝贺。

签约后通常会安排礼节性的干杯礼仪，或者合影留念，以示双方长期合作的愿望。

五、商务谈判涉外礼仪规范

在涉外交往中，要遵守国际惯例和一定的礼节，避免隔阂和怨恨。如果一位商务人员在涉外工作中，彬彬有礼，待人接物恰如其分，诚恳、谦恭、和善，就必定受人们的尊重。

六、涉外交往中的服饰礼仪

在国际社交场合，服装大致分为礼服和便装。正式的、隆重的、严肃的场合着深色礼服（燕尾服或西装），一般场合则可着便装。目前，除个别国家在某些场合另有规定（如典礼活动，禁止妇女穿长裤或超短裙）外，穿着趋于简化。在涉外交往中，着装应注意下列事项。

（1）任何服装都应做到清洁，整齐挺直。上衣应熨平整，下装熨出裤线。衣领、袖口要干净，皮鞋应上鞋油擦亮。穿中山装要扣好银扣领钩、排扣。穿长袖衬衣要将前后摆塞在裤内，袖口不要卷起，长裤裤筒也不允许卷起。双排扣西服上衣若系扣子，可系上边一个，若是一扣或多扣西服上衣，均应扣全。男士在任何情况下均不应穿短裤参加涉外活动。女士夏天可光脚穿凉鞋，穿袜子时，袜口不要露出来。

（2）参加各种涉外活动，进入室内场所均应摘去帽子和手套，脱掉大衣、雨衣等送入存衣处。西方妇女的纱手套、纱面罩、帽子、披肩、短外套等，作为服装的一部分允许在室内穿戴。一般不要戴黑色眼镜，有眼疾须戴有色眼镜时，应向客人或主人说明，并在握手、交谈时将眼镜摘下，离别时再戴上。

在家中或旅馆房间内接待临时来访的外国客人时，如来不及更衣，应请客人稍坐，立即换上服装、穿上鞋袜，不得赤脚或只穿内衣、睡衣、短裤、拖鞋接待客人。

七、涉外交往中的问候礼仪

在交际场合，一般是在相互介绍和会面时握手；遇见朋友时先打招呼，然后相互握手，寒暄致意，关系亲切的则边握手边问候，甚至两人双手长时间握在一起；在一般情况下，握一下即可，不必用力。但年轻者对年长者、身份低者对身份高者时应稍稍欠身，双手握住对方的手，以示尊敬。男士与女士握手时，应只轻轻握一下女士的手指部分。

握手也有先后顺序，应由主人、年长者、身份高者、女士先伸手，客人、年幼者、身份低者见面先问候，待对方伸手后再握。多人同时握手时切忌交叉进行，应等别人握手完毕后再伸手。男士在握手前应先脱下手套，摘下帽子。握手时应双目注视对方，微笑致意。

此外，有些国家还有一些传统的见面礼节，如在东南亚信仰佛教的国家见面时双手合十致意，日本人行鞠躬礼，我国传统的拱手行礼。这些礼节在此场合也可使用。

公共场合远距离遇到相识的人，一般举起右手打招呼并点头致意，也可脱帽致意。与相识者在同一场合多次见面，只点头致意即可；对一面之交的朋友或不相识者，在社交场合均可点头或微笑致意。

八、涉外交往中的谈吐礼仪

涉外交往中，在与外商谈话时表情要自然，语言和气亲切，表达得体。谈话时可适当做些手势，但动作不要过大，更不要手舞足蹈，用手指人。谈话时的距离要适中，太远或太近均不适合。

参加别人谈话时要先打招呼，私密谈话不要凑前旁听；有事需与某人谈话，可待别人谈完；有人主动与自己说话，应乐于交谈；第三者参与谈话，应以握手、点头或微笑表示欢迎；若谈话中途有急事须离开，应向对方打招呼，表示歉意。

谈话时若超过三人，应不时与在场所有人攀谈，不要冷落其他人。如果所谈的问题不便让其他人知道，可另约时间。

在交际场合，要给别人发表意见的机会，在别人讲话时也应适时发表个人的看法。对于对方谈到的不便谈论的问题，不应轻易表态，可转移话题。要善于聆听对方的讲话，不要轻易打断，不提与谈话内容无关的问题。在相互交谈时，应注视对方，以示专心。别人讲话时不要左顾右盼、注视别处或老看手表等，这样显得不耐烦；也不要做伸懒腰、玩东西等漫不经心的动作。

在交际场合结识朋友，可由第三者介绍，也可自我介绍。为他人介绍，要先了解双方是否有结识的意愿，不要贸然行事。无论自我介绍或为他人介绍，都要自然。例如，正在交谈的人中，有你所熟知的，便可前去打招呼，这位熟人便会将你介绍给其他客人。自我介绍时，要主动讲清自己的姓名、身份、单位（国家），对方则会随后进行自我介绍。为他人介绍时还应说明与自己的关系，以便于刚结识的人相互了解与信任。介绍时，除女士和年纪长者外，一般应起立。但在宴会桌上、会谈桌上可不必起立，被介绍者只要微笑点头有所表示即可。

涉外交往谈话时，内容不能涉及疾病等不愉快的事情，也不要提起一些荒诞离奇、耸人听闻的话题。不应询问对方的履历、工资收入、家庭财产等私人生活方面的问题。对方不愿回答的问题不应究根寻底，对方反感的问题应表示歉意或立即转移话题。在谈话中一定不要批评长辈、身份高的人，不要议论当事国的内政，不要随便议论宗教问题。

与女士谈话更要谦让、谨慎。不宜询问女士的年龄和婚姻状况，不要说对方的身材、健康、收入及私生活方面的话题。不要与女士开玩笑，更不要无休止地攀谈，以免引起对方的反感。

社交场合的谈话话题，可涉及天气、新闻、工作业务等方面，但一定要注意内外有别，保守国家秘密。

专题十五　馈赠礼仪

在人际交往中，礼尚往来很重要。适当的礼品赠送往往能够起到促进友谊、加强交流的作用。"以人为本"，很重要的一层含义就是遵循礼仪规范。

任务一　礼品的选择与赠送

一、礼品的选择

（一）鲜花、艺术类礼物

一般来说，鲜花、艺术类礼物适合每个年龄层的人。鲜花是问候、祝贺、慰问和感谢的象征。鲜花的价格选择范围很大，有时候人们会把鲜花和某个艺术类礼品，比如咖啡壶或别致的花瓶放在一块送人。随花送上的礼仪卡可以根据情况具体选择。

（二）食品类礼物

食品作为礼物受到普遍欢迎，毕竟"民以食为天"。所以，在不知道要送什么礼物时，应首先想到食物，没有人会拒绝可口的食品。包装整齐或用密封盒子装的食物，如坚果、糖果、饼干、小点心，非常适合送给家庭。

（三）公用礼品

公用礼品就是在办公室里大家公用的礼品，如日历、笔、相框、书签、打印机、软件、商务书籍等。文具是很受欢迎且很合适的礼品。如果上面印有公司名称，最好将字体缩小，并将产品适当改装。

（四）赠送礼金

为了节省选择礼品的时间，减少携带礼品的麻烦，人们往往送礼金或者将一定数量的礼金装在红包或信封里，或者将购物券、银行的存单等赠送给员工或商务方面的朋友。

（五）集体送礼

集体送礼是现在公司里流行的一种形式，受到人们普遍欢迎。集体送礼既让受礼人得到了礼物，送礼人亦可少花钱。

最后，需要指出两点。一是选择价格合适的礼品。送礼的花费问题是一个重要的、棘手的问题。要花多少钱买礼品才合适让送礼人煞费心思。在选择礼品时要量力而行。超过自己承受能力的礼品，别人不会接受，即使接受了也会心有不安。送礼的原则是价格与情义兼顾。二是体现对方的爱好和兴趣。在挑选礼物时，要了解对方的品位、爱好和兴趣。喜欢书的人就送一本书，喜欢玩具的人就送一个玩具。同时，可以根据他有没有孩子，为孩子送件礼物，这样效果较佳。

二、常见的馈赠时机

一般来说，每逢各种节日以及生日、结婚、生子等时候，都是送礼的好时机，归纳起来，下面几种情形可考虑送礼。

（一）重大事件时

乔迁新居、过生日做大寿、生小孩、嫁女娶亲等亲友喜庆日子，应考虑备礼相赠，以示庆贺。亲友去世或遭遇不幸，也要适当送礼以帮助解决困难，表示安慰吊唁。

（二）欢庆节日

我国传统节日春节、端午节、中秋节、重阳节等，西方的圣诞节、情人节、母亲节等都可作为送礼的时机。

（三）探望病人

去医院或别人家中探望病人时，应带点礼物。

（四）拜访、做客

当你拜访或做客时，一方面对打扰对方表示歉意或对接受对方款待表示感谢，一方面向对方表示自己的问候，往往要带上一份礼物。

（五）亲友远行

为了祝愿亲友一路顺风，安心离开家人去外地求学、工作，应送上一份礼品以表心意。

（六）酬谢他人

自己在生活中遭到困难或挫折，亲朋好友对你伸出了援助之手，事后应考虑送礼以表酬谢。

（七）还礼

接受过对方的礼物，可在对方送礼离开时还赠一份礼物，或者事后在类似的场合向对方送上一份礼品。

三、馈赠的方式

礼物除了当面赠送以外，还可以请人代转、邮寄赠送或专门的礼仪公司递送，但当面赠送最好。

当面赠送礼品时要考虑以下几点。

（1）会谈、会见、访问等活动，在活动快结束时赠礼，一般由最高职位的人向对方人员赠送礼品。

（2）赠礼应从地位最高的人开始，逐级往下赠送；同一级别的人员应该先赠女士、后赠男士，先赠年长的、后赠年少的。

（3）赠送时应双手奉上，或者以右手呈献，避免用左手。

（4）赠送礼品时，往往需要说一些祝愿的话，要表明赠礼的目的。

（5）不能强人所难。如果赠送的礼品确实没有贿赂之意，则应大胆坚持片刻；如果对方再三坚持拒收，则确实有不能接受的理由，不能强求，也不可表现出愤怒或者不高兴之意。

四、结婚馈赠

（一）适合赠送之物

1. 赠送现金

赠送现金，送礼者取其方便，受礼者得实惠。礼金不论多寡，习惯上须双数。这是当今普遍采用的一种方式。

2. 赠送花束花篮

花束花篮，适宜于新式婚礼，较具时代气息，其缺点是无实用价值，必须对象适合才行。

3. 赠送实用品

实用品适宜于知己亲友。在购买以前，最好能知道受礼者之所需，并先行告知，以免受礼者重复购置。

4. 贺函贺电

异地亲友结婚，不能前往道贺，利用贺函、贺电，甚为方便。贺函可随附礼金，或邮寄礼品。贺电可利用礼仪电报拍发，其中拟有现成词句，只要按所需选用即可；如觉不能尽意，也可自拟电文。

5. 赠送喜联喜幛

结婚赠送喜联喜幛，较为高雅，适宜交游广阔、结婚场面较大之受礼者。喜联喜幛在一般书画社可选购或代为托裱，只需写明受礼者与送礼者之姓名，以及两者关系，并说明是喜庆就可以了。但如能亲笔书写，当然更具意义。

除上述各种送礼方法外，其他诸如送纪念册、影集、工艺品、丝绣品等，也都可以。

（二）结婚送礼应注意的问题

（1）等对方发出请柬或通知之后，再携礼登门祝贺。因为许多人办婚事时不愿铺张，如果你贸然送礼，会让对方破费。深交的同事知道对方有喜事，就是请帖还没有送来，也可以先行送礼；浅交的不在此例。

（2）礼物的价值依双方交情而定，交情深厚，可备厚礼；交情泛泛，做到不失礼就可以了。

（3）送礼时间可在接到喜帖之后，也可在婚礼举行之前或婚礼进行期间。

（4）结婚送礼不能简单地寄一份礼金了事，最好当面送交，并口头祝贺。注意不能一面送礼祝贺，一面又表现出无可奈何的心态，这会让人觉得你极不真诚。

五、生子馈赠

人生得子是一件大事，送礼物对他人表示祝贺时应考虑如下礼品。

（1）赠送婴儿衣服、鞋帽或玩具等。

（2）赠送婴儿生肖纪念章。这是种新颖而又有永久纪念意义的礼品，近几年比较流行。可根据婴儿的生肖，选送相应的生肖纪念章。如果能在纪念章的背后刻上婴儿的姓名，则更佳。

（3）给产妇送一些滋补品。

六、探病馈赠

探望病人所带的礼品要视对象和病情而定，选择探望病人的礼品，应更多地注重精神效应。

1. 发烧病人

病人需要清热补液之品，一般宜选各种新鲜水果、水果罐头或果汁等。如果病人处于恢复期，则可选送不油腻的营养食品。

2. 急性肠胃炎病人

不宜送生冷、粗硬、油多、胀气的食物，而应送有收敛、杀菌作用的上等绿茶、果汁及易消化的食物等。

3. 胃病病人

宜送咸味面包、鸡蛋、水果罐头等，这些食物能中和胃酸，保护黏膜。

4. 慢性肝炎和肺结核病人

需要各方面的高营养食品，如奶粉、蜂蜜、鸡、鱼罐头等；对于结核病人，还可以送富含钙的排骨和沙丁鱼罐头。

5. 心血管病人

病人需要大量维生素和无机盐，以送新鲜水果为最佳。

6. 贫血病人

病人食欲较差，需要补养，以送芳香味浓的水果为最佳。

7. 糖尿病病人

病人平时不能过多地食用含糖食品，需要补充微量元素锌，以送鱼罐头最好。

8. 外科手术病人

手术后一周内很少能吃东西，送些鲜花再好不过。

9. 癌症患者

患者一般心情很压抑，可送束鲜花或其平时喜欢的小饰物、小玩意等。

七、如何赠送果品

人们在探亲访友时，有时要赠送果品。选送果品也是有所讲究的。

探望老人，送上福橘、红杏、水蜜桃，用来祝愿老人吉祥如意、健康长寿。当礼物送到老人面前时，讲明食用这些果品的功效，老人会欣然接受。

探望病人时，带去红苹果或黄苹果，很是得体，苹果色彩艳丽，维生素丰富，而且寓有"祝君平安康复"之用意。

春节到亲友家拜年，送上红枣、红果、核桃、桂圆四样干果，两红两黄，色彩调和，很讨人欢喜。

青年男女谈朋友期间，送上一大串金黄的香蕉，表示两人愿意相交；送上红橘和苹果，象征热情奔放，有情人终能结出美果；也可以投其所好，选送对方所爱吃的果品。

八、子女给父母赠送礼物

子女已经踏上工作岗位，有了固定经济收入，特别是已经成立小家庭的，要经常给父母送一些物品，这样会让他们感到子女没有忘记他们的养育之恩，从而感到慰藉。

作为子女，给父母赠送的物品，并不在于价格昂贵，而在于对父母的一片孝敬之心。比如到外地出差，给父母买些当地的土特产；去参观展销会，父母买点日用衣物等。这些东西也许不怎么贵重，但却是子女对父母的一份情意，会使父母感到莫大的欣慰。

九、晚辈给长辈赠送礼物

晚辈给长辈赠送礼物时，应注意以下两点。

1. 实用性

家中晚辈给长辈赠礼，首先要注意礼物的实用性。有些长辈平时比较节约，对一些不太急需的用品往往舍不得购买，当有人送来他喜爱又舍不得买的东西时，会感到喜悦和满足。

2. 针对性

晚辈给长辈赠礼，还要有针对性。最好能预先了解一下长辈的爱好和急需，然后再去购买。万一弄不清长辈的爱好也可直接向长辈探询，甚至可以请长辈一块去买。切忌盲目送礼。

总之，晚辈给长辈赠送礼品，不在于礼物本身的贵贱，而在于赠礼的一片诚意。所以，无论赠什么样的礼品，都会使长辈感到快乐。

十、平辈亲友间赠送礼物

在日常生活中，亲友间互相赠礼是常有的事。它是人际交往中很重要的一部分。

1. 送得自然

有意的矫饰，常会使人感到不自在。送给自己亲友的礼物，应是最易博得对方喜爱的东西，所赠的礼品要既不俗气又能表达情意。

2. 惯以鲜花为礼物

有不少国家和地区的人们，迎送亲友，都习惯以鲜花为礼物。因此，给平辈的亲友赠送鲜花，不失为是一种理想的礼物。因为花是大自然的精华，是人们生活中美好事物的象征。

例如，当老同学结婚时，送上一束并蒂莲，可表示祝愿他们夫妻恩爱；给志同道合的朋友送上一盆万年青，可表示与对方的友谊持久长存等。

十一、长辈给孩子送礼物

长辈给孩子送礼物要针对他们的年龄、性别和不同的兴趣爱好，根据其德、智、体、美的发展情况来选择。

送给孩子的礼物，应以有利于帮助他们德、智、体、美全面发展的智力玩具、书籍和学习用品、运动器具等为最佳。例如，可给学龄前的幼儿买些积木、拼板、游戏棋一类的智力玩具；可给已经上学的孩子，根据其年级的高低和实际需要，买些文具或工具书等。此外，还可以针对孩子的兴趣爱好，买些能促进他们发展特长的礼物。

这些礼物，不仅本身具有积极意义，而且还会让孩子欢欣。

十二、夫妻相互赠礼物

结婚之后,夫妻双方的心理状态也在不断地发生变化,不可能不发生矛盾。夫妻间时常相互赠送一些小礼物,可使夫妻关系更加和谐。

夫妻间的赠礼,最成功的通常并不是由其价格来决定的,而是赠礼时让对方得到意料之外的喜悦。

譬如遇到结婚纪念日,各自向对方赠送些小礼品,以表示珍惜相互间的感情;配偶过生日了,买一样他(她)平时极想得到的礼品,以示祝贺等。这样馈赠礼品,定会使两颗心感到融洽温暖。哪怕只是件微不足道的礼物,也会让对方满怀喜悦。

任务二 馈赠的注意事项

馈赠作为一种非语言的重要交际方式，是以物的形式出现，以物表情，礼载于物，起到寄情言意的"无声胜有声"的作用。得体的馈赠，恰似无声的使者，给交际活动锦上添花，给人们之间的感情和友谊注入新的活力。只有在遵循馈赠各项礼仪的前提下，才能真正发挥馈赠在交际中的重要作用。

一、礼品包装的注意事项

精美的包装不但会极大地提升礼品赠送现场的气氛，活跃赠礼的场面，而且会提高礼品本身的价值和纪念意义。精美的包装本身有时会表达赠礼人的良好祝愿和细微关切，增加赠礼的效果。除了一些确实难以进行包装的礼品，比如说动植物，没有纸盒的酒瓶等以外，礼品尽可能事先进行包装。礼品的包装要注意以下几点。

(1) 包装礼品前一定要把礼品的价格标签取掉，如果很难取，则应把价目签用深色的颜料涂掉。

(2) 易碎的礼品一定要装在硬质材料的盒子里，如硬纸盒、木盒、金属盒等，然后填充防震材料，如海绵、棉花等，外面再用礼品纸包装。

(3) 要注意从颜色、图案等方面着手，选用合适的礼品纸。不应选用纯白、纯黑的包装纸。要注意有些国家和民族的人对不同的颜色和图案有不同的理解。

(4) 如果礼品是托人转交，为了保证受礼人知晓送礼人，可以在礼品包装好后，把送礼人的名片放在一个小信封中，粘贴在礼品纸上。

二、公开场合赠礼的注意事项

如果是在公共场合，或者人多的场合赠礼，礼品的选择要考虑两点：

（一）礼品的数量、发放范围和种类

在一个人多的场合发放礼品，可能会漏掉一些人，因此，要格外小心礼品的数量。宁可多备一些，不可少发。少发会导致一些尴尬的局面。也可双方达成一致，只赠主宾，其他客人的礼品另择机赠送。

（二）选择合适的礼品

在人多的场合赠礼，如果礼品过于贵重，且具有针对某人而送的倾向，则很容易让人产生误解。因此，要避免选择容易引起误解的礼品。

三、上门送礼的注意事项

上门送礼一定要提前约定时间。

上午最好在 10 点到 11 点，下午最好在 4 点左右。节假日大家都想好好休息，上午 10 点之前上门显得早了点。

上午送完礼后，尽量不要停留在 11 点以后，也最好不要在别人家吃午饭。

下午 2 点到 3 点，有人有午休的习惯，所以 4 点左右送礼比较合适。如果主人没有盛情邀请，最好不要留下来吃晚饭。

四、国内送礼的避讳与禁忌

我国有"好事成双"的说法，因而凡是大贺大喜之事，所送之礼，均好双忌单。但广东人、香港人则忌讳"4"这个数，因为在广东话中，"4"听起来就像是"死"，是不吉利的。

白色虽有纯洁无瑕之意，但国人比较忌讳，因为在中国，白色常是大悲之色和贫穷之色。同样，黑色也被视为不吉利，是凶灾之色、哀丧之色。而红色，则是喜庆、祥和、欢庆的象征，受到人们的普遍喜爱。

剪刀是利器，含有"一刀两断"之意，以剪刀相送会使对方有威胁之感；甜果是祭祖拜神专用之物，送人会有不祥之感；给老人不能送钟表，给夫妻或情人不能送梨，因为"送钟"与"送终"、"梨"与"离"谐音，是不吉利的；还有，不能给健康人送药品，不能给异性朋友送贴身用品等。

专题十六 求职面试礼仪

随着社会的不断发展，人们对自己的礼仪形象越来越重视，好的形象不仅可以增加一个人的自信，而且对个人的求职、工作和社交都起着至关重要的作用。职场的竞争不仅是实力的较量，也是个人职场礼仪、职业形象的比拼。

任务一 求职礼仪概述

一、求职礼仪的概念

求职礼仪是求职者在求职过程中与招聘单位接待者接触时应具有的礼貌行为和仪表形态规范。它从求职者的应聘材料、应聘语言、仪态、行为举止、穿着打扮等方面体现出来，反映求职者的内在素质与修养。

二、求职礼仪的作用

（一）体现求职者的整体素质

1. 体现求职者的文化素质

文化层次越高，对礼仪规范掌握越多，理解亦越深。

2. 体现求职者的道德水准

礼仪规范是个人道德水准的外在表现。一个有较高道德素养的人，在他的礼仪行为中，必然处处体现出较高的道德水准。

3. 体现求职者的个性特征

招聘单位对人才的挑选，也包括对求职者个性特征的挑选。是自信还是高傲，是谦虚还是自卑,是文雅还是内向,是直爽还是粗鲁,有经验的招聘者能从求职者的言谈举止中发现自己所需要的求职者。

(二)促成求职面试顺利完成

礼仪行为有助于双方获得尊重和了解,一个求职者如不讲究礼仪行为规范,就缺乏尊重的前提,招聘者就不会与之深谈。

任务二　面试礼仪

面试是人们在找工作时都要经历的，有的人过了笔试关，最后却输在了面试上。只有成功通过了面试，才能拿到进入职场的通行证。然而，面试通常是短暂而正式的，面试官会从求职者的一举一动中推测其品质和能力，所以在面试中求职者必须时刻注意自己的非言语信息。一个眼神、一个微笑、一个细小的动作都会给面试官留下深刻的印象，从而影响求职。

一、面试类型

（一）个人面试

个人面试又称单独面试，指主考官与招聘者单独面谈。它是面试中最常见的一种形式。

1. 个人面试的方式

个人面试有两种方式。

（1）只有一个主考官负责整个面试的过程。这种面试大多在较小规模的单位录用较低职位人员时采用。

（2）由多位主考官参加整个面试过程，但每次均只与一位应试者交谈。公务员选拔面试大多属于这种形式。

2. 个人面试的优点

个人面试能够提供一个面对面的机会，让面试双方较深入地交流。

（二）集体面试

1. 集体面试的目的

集体面试主要用于考查应试者的人际沟通能力、洞察与把握环境的能力、组织领导能力等。

2. 集体面试的做法

集体面试通常要求应试者进行小组讨论，相互协作解决某一问题，或者让应试者轮流担任领导主持会议、发表演说等。众考官坐于离应试者一定距离的地方，不参加提问或讨论，通过观察为应试者进行评分。

（三）一次性面试

用人单位对应聘者的面试集中于一次进行。在一次性面试中，面试考官的阵容一般比较强大，通常由用人单位人事部门负责人、业务部门负责人及人事测评专家组成。应试者是否能通过面试，甚至是否被最终录用，就取决于这一次面试表现的好坏。面对这类面试，应试者必须集中所长，认真准备，全力以赴。

（四）分阶段面试

分阶段面试又可分为按序面试和分步面试两种。

1. 按序面试

按序面试一般分为初试、复试与综合评定三步。

初试一般由用人单位的人事部门主持，将明显不合格者予以淘汰。初试合格者则进入复试。

复试一般由用人部门主管主持，以考查应试者的专业知识和业务技能为主，衡量应试者对岗位是否合适。

复试结束后再由人事部门会同用人部门综合评定每位应试者的成绩，确定最终的合格人选。

2. 分步面试

分步面试一般由用人单位的主管领导，处（科）长以及一般工作人员组成面试小组，按照小组成员的层次，依由低到高的顺序，依次对应试者进行面试。

面试的内容按层次各有侧重，低层一般以考查专业及业务知识为主，中层以考查能力为主，高层则实施全面考查与最终把关。实行逐层淘汰筛选，越来越严。应试者要对各层面试的要求做到心中有数，力争在每个层次都留下好印象。在低层面试时，不可轻视、麻痹大意；在高层次面试时，也不必过度紧张。

（五）常规面试

主考官和应试者面对面以问答形式为主来进行面试。主考官根据应试者对问题的回答以及应试者的仪表仪态、身体语言、在面试过程中的情绪反应等对应试者的综合素质进行评价。这种面试，主考官处于积极主动的位置，应试者一般是被动应答的姿态。

（六）情景面试

情景面试是面试形式发展的新趋势，突破了常规面试中主考官和应试者一问一答的模式，引入了无领导小组讨论、公文处理、角色扮演、答辩、案例分析等人员甄选中的情景模拟方法。应试者应去除不安和焦灼的心理，落落大方，自然和谐。只有这样，应试者的才华才能得到更充分、更全面的展现，主考官对应试者的素质也才能作出更全面、更深入、更准确的评价。

（七）其他面试形式

1. 餐桌面试

餐桌面试，就是应聘者会同该单位各部门的主管一起用餐，席间大家一边吃一边谈。

餐桌面试一般用于测评高级或重要职员。这种面试易创造一种亲和的气氛，让应聘者减轻心理压力，以便更真实地反映应聘者的素质；同时也可以在特定情境中，全面考查应聘者对社会文化、风土人情是否了解，以及应聘者的餐桌礼仪、公关决策、临场应变能力等。

2. 会议面试

会议面试，就是让应聘者参加会议，通常是就某一具体案例进行分析，展开讨论，确定方案，得出结论。会议面试可以直观、具体、真实地考查应聘者分析问题、解决问题的能力，从而了解其知识水平、思维视野、分析判断能力、应用决策等。

3. 问卷式面试

这类面试是常用的一种面试方法，就是运用问卷形式，将所要考查的问题列举出来，由主考官根据应聘者面试中的行为表现对其进行评定，并使其量化。问卷式面试把定性与定量考评相结合，具有可操作性和准确性，避免了凭感觉模糊地主观评价的缺陷与不足。

4. 引导式面试

在引导式面试中，主要由主考官向求职者征询涉及薪金、福利、待遇和工作安排等问题的意见、需求。其特点在于就"特定"的问题做"特定"的回答，主要通过求职者回答问题的水平来测试其反应能力、智力水平与综合素质。

5. 非引导式面试

在非引导式面试中，主考官所提的问题是开放式的，涉及面较广，求职者可以充分发挥，说出自己的看法或评论。它没有"特定"的回答方式，也没有"特定"的答案，求职者可畅所欲言，主考官可以取得较丰富的信息，有利于对求职者得出较为客观的评价。

二、面试的一般程序

（一）面试开始阶段

1. 寒暄问候

可别小瞧这几句口头语，它可是至关重要的开场白。正所谓"前三分钟定终身"，这是你给面试官的第一印象，从言谈举止到穿着打扮将直接影响到你被录用的概率。应聘者被通知去面试，说明其背景已基本合格，那么面试者主要看什么呢？主要看性情是否相投。应聘者必须和这个企业，和企业中的员工性情相投。

寒暄问候的主要话题有天气、交通、办公室附近的建筑物以及近日的热门话题等。

2. 公司简介

招聘经理会简明扼要地介绍公司的情况。

（二）正式面试阶段

1. 告知程序

招聘经理会把面试的整体程序预先告诉你，以消除应聘者的紧张情绪。

2. 串一遍简历

一般分为两种方式，一是主考官粗线条整体快速串一遍，二是主考官摘录重点串一遍。两种方式的目的是一致的。一是对简历中的可疑部分提问。当然主考官不会直截了当地提问，而把具体的疑问藏于貌似不经意的小问题之中。二是"套情报"。主考官会从应聘者的学校生活谈起，寻找轻松的话题，勾起应聘者对往昔的回忆。而当应聘者聊在兴头上时，各种信息也在不知不觉中传入了他的耳中。

3. 试探性提问

主考官提出一些很棘手、很难解决的问题，从而了解应聘者对业务难题或一些重大问题的看法，来考察应聘者的专业水平、反应的敏感度、分析问题的能力以及语言的组织能力。

4. 轻松话题

主考官一般在简历的个人信息部分提取话题，例如聊一聊应聘者的兴趣爱好、外语水平、将来打算等。要知道除了业务能力和学历外，人际关系融洽也很重要，兴趣相投是融洽相处的前提。

5. 向招聘经理提问

应聘者一言不发，会给对方形成两种印象：一是对该企业没多大兴趣，因此没什么可问的；二是没有能力提出好问题。

通过以上五个阶段，用人单位要对应聘者做出三种评价：一是性格是否适合这项工作；二是如果成为他们中的一员，能否与他们融洽相处；三是如获聘用，能否为公司发展做出贡献。

（三）面试结束阶段

进入面试结束阶段，应聘者应礼貌地对主考官表示感谢，向主考官询问"我有希望被录用吗？"或"我有希望成为主要候选人吗？"，并留意主考官的暗示，征得其同意后，迅速离开面试场地。

三、求职面试前的礼仪

（一）求职面试前的心理准备

1. 研究自己

求职面试前的心理准备中最重要的是研究自己。把握好自己，才能有良好的面试心态和状态。

（1）自我心理准备的"四具备"。

一是具备充足的信心。求职者只有坚信自己有实力胜任某项工作，才能表现出坚定的信念和从容不迫的风度，才能赢得招聘者的信任和赏识。

二是具备积极主动的求职意识。求职者要积极主动了解自己所学专业的培养目标，特别是关于本专业的用人信息，跟上社会发展的步伐。

三是具备竞争意识。一个人如果不主动"推销"自己，不善于捕捉有利于自己的时机，那么机会势必会和他擦肩而过。

四是具备顽强意志。事情成功的关键是由意志品质决定的。

（2）几种不良心理应对。

一是焦虑状态。绝大多数求职者在面试时会出现焦虑情绪，这是正常的。求职者要学会运用以下方式来缓解自己的焦虑状态。①积极的自我暗示。求职者必须习惯于多给自己积极的评价与暗示。②用"暴露冲击法"消除过度焦虑。利用自己不看重的面试机会，多练几次兵，成功几次或碰壁几次，求职的时候也就坦然多了。

二是恐惧心理。很多求职者一见到主考官就脸红、紧张，说不出话来。削除恐惧心理的方法有四种：①面试的时候，适当提高自己的服装档次；②公开说出自己的紧张；③发现对方的弱点，减轻心理压力；④深呼吸。

三是自卑心理。参加面试的人很注重别人对自己的评价，当他们发现自己的缺点时，在面试中就会表现出自卑的倾向。

求职者可以从以下几方面强化自己的自信心：①暗示自己，在陌生人面前，你不了解对方，对方同样也不了解你；②保持和对方谈话中的沉默间隔，以吸引对方注意力；③如果对方声音超过你，你可以突然把声音变轻，但要清晰；④盯住对方的眼睛讲话；⑤经常考虑这样一个问题：人各有长短，不能因为对方是招聘经理，就感到自己低人一头。

四是羞怯心理。每个人都有不同程度的羞怯心理。在羞怯心理的影响下，由于心情紧张，应聘者往往呈现出非常不自然的面部表情或姿态。求职者事先有意识地加强社交方面的训练很有必要。

五是迎合心理。具有迎合心理的人，在面试中会不失时机地向主考官恭维几句。大多数情况下，会出现事与愿违的结果。

2. 研究主考官

此时主要研究以下几个方面。

（1）主考官对求职者的第一印象。主考官往往凭借求职者的衣着、仪态和行为举止等，形成对求职者的第一印象。

（2）主考官要整体考核什么。主考官会对求职者的专业知识、口才、谈话技巧进行整体考核。

（3）主考官要了解什么。

主考官可能会从面谈中了解求职者的性格和人际关系，并从谈话过程中了解情绪状况以及人格成熟的程度。

（4）应对六种主考官。

第一种是"谦虚"型的主考官。这种主考官一见到求职者，立即上前边握手边寒暄，让求职者感到轻松愉快。这类主考官表面看起来很好打交道，可是要求也很严格，他们洞察能力强，喜欢用表扬的话语来观察求职者的反应。

面对这种类型的主考官，求职者必须保持高度警惕，应该老老实实地介绍自己，发表自己的看法，不一味地去迎合他的口味，切记不可表现得妄自尊大。

第二种是老练型的主考官。这类主考官做事情非常讲礼节，但礼节中却蕴涵着距离感。例如，你和他握手时，他只是象征性地轻轻碰一下你的手。他们不会主动打破沉默讲第一句话，问话总是话中有话。面对这类主考官，你需要沉稳、坚定，把精明能干、责任心强、追求细节的优势发展出来。回答他们提出的问题时，一定要慎重，最好说具体点。

第三种是"唯我独尊"型的主考官。这类主考官故意摆出一副眼神傲慢，表情冷漠，唯我独尊的样子，谈话时经常用"哦""嗯"，甚至对求职者不予理睬。

遇上这类主考官，求职者有必要和他说一些客气话，表明你能客观冷静地应对他。回答问题时，将必要的情况简明扼要地加以交代，即使他说了些难听话，你仍然要不愠不怒。

第四种是演讲家型的主考官。这种类型的主考官很爱表现自己，任何话题都讲，谈话抓不着重点。

面对这类主考官，你需要认真做个好听众，表现出对他的"演讲"抱有浓厚的兴趣，不要随便插话，促使他始终处于自我兴奋状态。这样，你被录用的可能性就很大了。

第五种是"死板"型的主考官。当你走进面试的房间，主考官对你的出现不做任何反应，好像在想别的心事。就算你和他打招呼、寒暄，他也不会做出你所预想的反应。这类主考官性格内向，坚持原则，他面试的经验完全来自书本。面对这类主考官，你需要按部就班，不要进行过多发挥。

第六种是不疾不徐型的主考官。这类主考官做事仔细，花费时间长，让人感觉其工作效率很低。他们会让你先把准备好的材料递上去，仔仔细细看一遍后，再要问一些问题。求职者面对这类主考官时，一定要稳住性子，说话一定保持温和谦虚，耐心、详细地回答问题，多进行补充说明，少作辩解。

3. 研究企业

（1）研究企业的哪些情况。求职者必须研究和这家企业相关的各种资料，比如企业的成立背景、创立时间、企业规模及总部所在地、近几年的成长概况及经营业绩、所处的行业地位、遵循的经营理念、今后的发展趋势、企业生产的产品类型、定位、市场占有率、主要大客户，甚至包括企业负责人和主要成员的名单、最近有关媒体对该机构的报道等。

（2）通过哪些途径搜集企业资料。一是查找该企业的原始广告。二是查看有关报纸、杂志的报道。媒体报道往往会涉及该企业最近的经营动向、经营业绩、人事变动等内容。三是通过网络搜索来搜集企业资料。只要在搜索网站上输入该企业的名称，就会出现相关的资料。

（二）求职面试前的材料准备

求职面试前需要准备的材料包括求职信、个人简历、成绩单、毕业证书、相关技能等级证书、职业资格证书、各级荣誉证书及其他相关资料等。个人简历的写法如下所示。

1. 简历的特点

（1）尽可能简短。
（2）求职意向集中于一个特定领域或行业。
（3）用自我推销的心态去写。

2. 求职简历撰写的四原则

（1）针对性。求职目标要明确，简历要围绕一个求职目标来写。含糊的、笼统的、毫无针对性的简历会使求职者失去很多机会。

（2）战略性。好的简历不应该只是自己曾经拥有的职位和以往工作的简单罗列，而应该让用人单位看到求职者的潜力和发展优势，甚至想象求职者正在他们单位工作的情形。

（3）广告性。求职者在简历中要展现自己的技能，用自己所取得的成果证明自己的能力，并强调能为用人单位带来哪些利益。

（4）趋利性。求职者要突显对自己有利的信息，负面的和不相关的信息不要涉及，以免影响用人单位对自己的看法。

四、求职面试中的礼仪

（一）求职面试中的行为礼仪

1. 面试中的见面礼仪

实际上，在敲门或秘书叫到你名字的时候，面试就已经开始了。入场时要抬头挺胸收腹，步幅与平时一样，以适中步速走到面试位置。

通常情况下，入场后如主考官仍坐着，就不必握手了。若行握手礼，也是等主考官先伸手，求职者迎上去与之相握。

（1）寒暄。在握手之间或之后，要说句寒暄话。

(2) 必要的自我介绍。通常主考官先进行自我介绍，接着求职者也要自我介绍一下。自我介绍一般要求简短，不妨说："我叫××，很高兴有机会到贵公司参加面试。"

(3) 接受对方名片。假如对方递送名片，应用双手接过来，并认真看一看，熟悉对方职衔，有不懂的字可以请教，然后将名片拿在手中。最后告辞前，一定要把名片放入自己上衣兜里以示珍惜，千万不要往裤袋里塞。

2. 面试中的体态语言

面试过程中，身体各部分的动作都可以反映出求职者的心理活动、对求职的态度等。这种无声语言会自然流露出一个人的气质风度、礼貌修养和所要传达的信息，任何一个招聘者都会不自觉地逮住求职者细微的身体语言信号并对之有所反应。

(1) 面带微笑。

微笑可以展示一个人自信、友好、亲切和健康的心理，有利于塑造自己的形象，赢得面试官的好感。面带微笑，以眼神向所有人致意。求职者踏入面试室，与面试官四目相交之时，便应面露微笑。如果有多位考官，应环视一下，面带微笑，以眼神向所有人致意。

(2) 眼神交流。在面试时，要和面试官有适度的眼神交流。有的面试者在接触到面试官眼神时会惊慌失措、躲躲闪闪或者左顾右盼，这会让面试官觉得你缺乏自信、没有诚意或者不够踏实，给面试官留下不好的印象。也有的求职者死死地盯着面试官，这样在无形中会让面试官觉得不自在，也会引起面试官的不满。

(3) 坐姿。

坐姿一般分为深坐和浅坐。一般情况下，在面试的时候大多数人会选择浅坐，只坐椅子一角，而且腰挺直，肩膀放端正。坐时上体直挺，体现"稳"字。在面试的时候，这样的坐姿是合适的。

(4) 站姿。

规范的站姿应是站如"松"，即头正、肩平、臂垂、躯挺、并腿。

(5) 走姿。

①头正。两眼平视前方，抬头含颌梗脖，表情自然平和。

②肩平。两肩平稳，双臂随步伐前后自然摆动，前后摆幅在 30~40 度，两手自然弯曲，在摆动中离开双腿不超过一拳的距离。

③躯挺。上体挺直，收腹正腰，身体重心落于足的中央。

④步位直。两脚尖略开，脚跟先着地，两脚内侧落地。走出的轨迹要在一条直线上。

⑤步幅适度。行走中，前脚的脚跟距后脚的脚尖相距一个脚的长度为宜。视不同的性别、身高、着装，会有一些差异。

⑥步速平稳。迈步时要平稳，行进的速度应保持均匀。步速应自然舒缓，显得成

熟自信。

3. 面试中的空间距离

美国学者霍尔认为，人类的空间行为同相互的联系和感觉有关。他把人类使用空间的情况分成四个不同的区域。

（1）亲密区域：（0~45厘米）

只有关系密切的人才能获准进入这个区域，如父母、孩子、配偶等。

（2）个人区域：（45厘米~1.2米）

一般限于私人交往，如同事、同学、朋友间相处的距离。

（3）社交区域：（1.2~3.6米）

一般用于接待来访、正式谈判以及顾客同营业员的来往。

（4）公共区域：（大于3.6米）

表示疏远关系的距离。

在面试时，社交距离是求职者和主考官之间比较合适的距离。如果应试的人多，招聘单位一般会预先布置好面试室，把面试人员坐的位置固定好。进面试室后，不要随意将固定的椅子挪来挪去。如果应试的人少，面试官也许会让你同坐在一张沙发上，这时，你应该界定距离，太近了，容易产生不适感；坐得太远，则会使面试官产生一种疏远的感觉，影响沟通效果。

4. 语音、语调与语速

面试中谈话的语音、语调、语气、语速等，都会对面试的效果产生微妙的影响。因此要注意以下几点。

（1）语调适中。同样的句子，用不同的语调处理，可以表达不同的感情，收到不同的效果。

（2）语速适宜。合适的语速会给人以有条理、充满自信、思路清晰的印象。人们倾向于一种语速，并希望别人也以这样的语速与之交谈。如果你能调整语速，使它适应招聘者的语速，听起来自然，那么招聘者很可能觉得更自在。

（3）音量适中。音量以面试官能听清为宜，适当放低声音，不要高嗓门说话，但也要注意，声音太低是没有自信的表现。

（二）求职面试中的沟通技巧

1. 如何谈自己的优缺点

（1）谈自身的优势与应聘职位的适应性。首先分析自身的优势可包括以下内容。

一是我学习了什么。我从专业学习中获得了什么收益？社会实践活动提高了自己哪些方面的知识和能力？

二是我曾经做过什么。在学校期间担任的学生干部职务、参加的社会实践活动、所取得的成就及工作经验的积累等。

三是我最成功的是什么。分析自己曾经做过的最成功的事情以及是如何成功的，从中发现自己的长处，如坚强、敢于发挥创造、智慧超群等，形成职业设计的有力支撑。

（2）谈自身的弱势与求职目标。谈谈自身在什么方面存在不足，是力所不能及的。此外，也可简单说一下经验或经历中所欠缺的方面。善于发现自己的缺点，认真对待、努力克服，是实现自我价值的基础。

2. 认真听取发问，切忌答非所问

面试时要学会倾听，要听清提问内容，以免出现答非所问的情况。

3. 把握重点

切忌轻重不分。回答问题时自然要把握重点，条理清楚。通常结论在先，论证在后；重点在先，其余在后。先将中心意思表达清楚，再叙述和论证，有主有次，层层推进。

4. 实事求是，切忌不懂装懂

面试时，自己不懂的问题是非常正常的。对此，闪烁其词、牵强附会、不懂装懂的做法均是不对的。诚恳、坦率地承认自己的不足，反倒会赢得主考官的信任和好感。

（三）求职面试时的注意事项

1. 注重时间概念

求职时一定要遵时守信，千万别迟到。如果因客观原因不能如约按时到场，应事先打电话通知面试官，以免对方久等，影响面试官及其他工作人员正常的安排。

可以事先准备好材料，计划好路线，把时间拨快5分钟，提前出发，提早5~10分钟到达面试地点。一来可以先熟悉环境，二来可以稍稍休息，稳定一下情绪。

2. 在求职面试时应注意的几点

（1）精神饱满，面带微笑，心情放松。
（2）不要贸然和对方握手。
（3）说话要有重点，简洁明了，音量适中，语气平和。
（4）入座时坐姿要规范。

（5）不要看表。
（6）在对方未提出商议薪金时，不要急于谈论福利待遇问题。
（7）在有人进屋时要起立。
（8）关掉你的通信工具。

五、求职面试结束时的礼仪

（一）结束面试的最佳时间

面试没有具体时间限制，谈话的时间要视面试内容而定，一般宜在半小时至45分钟左右。那么，怎么才能把握好适时离开的时间呢？

一般来说，在高潮话题结束之后或者是在主考官暗示之后，就应该主动告辞。

1. 高潮话题

面试先从主考官自我介绍开始，然后主考官会把工作性质、内容、职责介绍一番，并相应地提出问题，让求职者谈谈自己今后工作的打算和设想。当双方谈及福利待遇问题时，就是高潮话题了，谈完之后，你就应该主动做出告辞的姿态，不要拖延时间。

2. 面试结束时的暗示语

主考官认为该结束面试时，往往会说以下这些暗示的话语。
（1）我很感激你对我们公司的关注。
（2）谢谢你对我们招聘工作的关心，我们决定后就会立即通知你。
（3）你的情况我们已经了解了。你知道，在做出最后决定之前我们还要面试几位申请人。

应试人听了诸如此类的暗示语之后，应该主动站起身来，微笑着和参与面试的人员握手致谢、告别，然后退出面试场地。

（二）告别的常规与礼仪

1. 主动告别

告别时可以主动与考官们握手，握手的先后顺序是上级在先，长辈在先，女士在先。握手通常以三五秒钟为宜，并配以适当的告别语，如"再见""再会""谢谢"等。

（1）再次强调你对应聘该项工作的热情，并感谢对方抽时间与你进行交谈。

（2）表示与主考官的交谈使你获益匪浅，并希望今后能有机会得到对方进一步的指导。有可能的话，可约定下次见面的时间。

（3）记住了解结果的途径和时间。

2. 出门

在面试结束时，走出房间说声"谢谢"，并轻轻关上门，会给主考官留下更深的印象。面试结束时的告别礼仪往往是面试的一部分。求职者应做好以下几点。

（1）求职者最好与人事经理以握手的方式告别。

（2）离开办公室时，应该把坐的椅子扶正，并放到刚进门时的位置，再次致谢后出门。

（3）经过前台时，要主动与前台工作人员点头致意或说"谢谢你，再见"之类的话。

（三）求职面试后的必备礼仪

1. 求职面试后感谢的重要性

求职面试后表示感谢，不仅是礼貌之举，也会使主考官在作出决定之时对你更有印象。求职后感谢会给求职者会带来以下积极影响：①证明你有很好的人际关系沟通技巧；②可作为一次纠正你在面试中留下的错误印象的机会。

所以，为了加深招聘人员的印象，增加求职成功的可能性，面试后两天内，求职者最好对招聘人员表示谢意。

2. 面试后的感谢方式

（1）感谢信。面试后发出的感谢信要注意：感谢信的开头应提及你的姓名及简单情况。再次感谢对方为你所花的时间和精力，并对该公司表示一番敬意。重申你对该公司、该职位的兴趣，并简要地陈述自己能够胜任该项工作。重点阐述你对该公司的价值。感谢信要简洁，最好不超过一页。感谢信函切忌弄错对方的姓名和职务。

（2）发送电子致谢函。可以给公司或单位的主管人员发一份电子邮件，表示感谢。

（3）电话致谢。相对于以上两种方式，电话是下选方式，一般不用。

3. 不要过早打听面试结果

在一般情况下，考评组每天面试结束后，都要进行讨论和投票，然后送人事部门汇总，最后确定录用人选，可能要等3～5天。求职者在这段时间内一定要耐心等消息，不要过早打听面试结果。

4. 做好再次冲刺的思想准备

（1）善于总结，查漏补缺。一个人不可能每次参加应聘都获得成功，万一失败，不要灰心丧气，而要总结经验教训，找出失败的原因，并针对这些不足重新准备，争取再次求职成功。

（2）积极寻找新机会。通过国家有关政策、学校毕业生就业主管部门、就业中介机构、互联网、各类媒体等渠道重新获取就业机会。

专题十七　涉外礼仪

涉外礼仪就是人们参与国际交往所要遵守的惯例，是约定俗成的做法。涉外礼仪是国际交往成功的重要条件和重要路径。在涉外活动中，既要向交往对象表达尊重友好之意，又要维护好国格和人格。只有了解涉外礼仪的内容和要求，掌握与外国人交往的技巧，才能塑造良好的国际交往形象，获得良好的交往效果，实现交往的预期目标。

任务一　涉外礼仪概述

经济全球化和信息网络化实现了现代人共建一个地球村的梦想。在国际交往频繁的今天，各国各民族礼俗既属于本国和本民族，同时也影响全世界。在国际交往中，既要礼貌地对待其他国家和民族的礼俗，把其作为一种国际交往的游戏规则去了解、熟悉和遵从，又要熟知自己国家和民族的礼俗，在遵循国际礼规的基础上，保持不卑不亢的交往形象。如此才能在交往过程中相互欣赏、相互了解、相互认可，表达宽容和友善，获得好感与合作，达到交往的目标。

一、涉外礼仪的基本原则

一方面，涉外礼仪具有较高的政治性；另一方面，涉外礼仪具有固定性与变通性。涉外礼仪需要遵循的原则主要有以下几点。

（一）维护国家利益

维护国家利益要做到以下几点：
（1）涉外人员在涉外活动中必须加强自己的组织观念，在一切重大的涉外问题上，必须服从组织的统一口径，使个人的思想、行动与组织保持一致。
（2）不利用工作之便营私牟利、索要礼品。
（3）不背着组织与外国机构及个人私自交往。
（4）不私自主张或答应外国客人提出的不合理要求。
（5）参加外事活动，要严格按规章制度办事。

（二）塑造不卑不亢的国际交往形象

不卑不亢，是涉外礼仪的一项基本原则。它的主要要求是：每一个人在参与国际交往时，都必须意识到自己代表着国家，代表着民族，代表着所在单位。因此，言行应当从容得体、堂堂正正。在外国人面前既不应该表现得畏惧自卑、低三下四，也不应该表现得自大狂傲、放肆嚣张。

（三）注意保密

在外事接待工作中要坚持维护国家主权和民族尊严，自觉遵守外事纪律，严格执行国家与地方的一切保密法规，严格保守国家秘密，不泄露任何不得公开的内部情况。

（四）尊重不同的文化习俗

在涉外活动中，对外交往人员不仅应做到尊重国际惯例、礼貌待人，也应了解国外的种种忌讳，避免不礼貌是对外交往成功的前提条件。要克服文化差异所产生的障碍，克服礼俗差异所带来的困难，就要了解各个国家、各个民族文化的特点，掌握不同文化背景下的礼俗。这对于涉外活动的展开非常有益。

（五）遵从国际惯用的表达方式

不同的文化背景需要尊重，而相互间进行交流和沟通又必须协调，那么，就需要一种国际惯用的表达方式，也即国际惯例。国际惯例是国际交往中约定俗成的标准化、正规化的做法，国际惯例一方面来自国际法，另一方面来自国际社会习惯的做法。从礼仪这个角度讲，国际礼仪就是国际交往的行为规范，在国际交往中，那些因为地域、民族、文化以及习俗因素存在的差别，只有通过遵守国际通行的礼规进行沟通，实现互动。

二、涉外活动的基本礼仪

（一）称呼礼仪

随着对外交往越来越多，跟外国人打招呼的频率也增多，在社交场合中，称呼他人是一件很重要的事情，若称呼不当则很容易让他人产生反感。无论采取什么形式，都要按照对方所在国家的称呼习惯，这样才比较妥当。

（1）跟外国人正式交往，一般应该冠以姓名、职称，对于部长以上的，可以称阁下，如部长阁下、总统阁下。国外还有国王，应该称陛下，对王子、公主、亲王称殿下。在西方,人们很少用正式的头衔称呼别人。当然这也并不是绝对的,正式的头衔只用于法官、高级政府官员、军官、医生、教授和高级宗教人士,比如说市长先生、博士先生。需要注意的是,西方从来不用行政职务,如局长、经理、校长等头衔来称呼别人。

(2) 如果一个人有多种头衔,如既是部长,又是博士、教授,这三个头衔比较起来,学术头衔在前,而政治头衔在后。

(3) 在写信、写邀请函的时候,各国人名的顺序是不一样的。匈牙利和我国一样,是姓在前面,名在后。而大多数欧美国家是名在前,姓在后。如卡尔·马克思,"卡尔"是名,"马克思"是姓。阿拉伯人则一般第一个是本人的名字,第二个是父亲的名字,第三个是祖父的名字,第四个是姓。泰国也是名在前,姓在后。大家在和各国友人打招呼、写信的时候,一定要注意不要搞错了。对于自己已经认识的人,多以 Mr/Ms 或 Mrs 等加在姓氏之前称呼,Mr Chang/Ms Li 等,千万不可以用名代姓。例如,称呼乔治·华盛顿,可以称其为华盛顿总统或者华盛顿先生,因为这是他的姓。一般而言,有三种人在名片上和头衔上是终身适用的,这三种人是大使、博士及公侯伯爵。在称呼他们时一定要加头衔,否则十分不敬。对于不认识之人可以用 Mr/Madam 来称呼。

有不少人见到外国人就称为 "Sir",这是不对的。只有对看起来明显年长的人或是虽不知其姓名但显然是十分重要的人士方才适用,当然面对正在执行公务的官员、警员等也可以 "Sir" 称呼以示尊敬。而对于女士则一律用 Madam 称呼,不论她是否已婚。对于年轻人可以称为 Young Man,年轻女孩则称为 Young Lady,小孩子可以昵称为 Kid (s),也可以称呼为 Young Master,此 Master 并非主人之意,有点类似汉语中的"小王子"。

(二) 遵时守约

涉外交往中,如果有事上门,事先要预约。没有得到对方的应允,随便上门是不礼貌的行为。无事打电话闲聊也被美国人视为打乱私人时间和活动的行为。

在现代社会里,尤其是在国际社会交往中,信誉无比重要。遵守时间则是信守承诺的具体体现,一个不懂得遵守时间的人,在人际交往中是难以遵守其个人承诺的。目前,遵守时间已成为衡量、评价一个人文明程度的重要标准之一。具体而言,我们在国际交往中应当重点注意以下三个问题。

1. 要有约在先

所谓有约在先,就是提倡人们在进行人际交往时,必须事先约定具体时间,尽量不占用对方的休息时间或工作过于繁忙的时间。一般而言,凌晨、深夜、午休时间、就餐时间以及节假日,外方人士大都忌讳被外人打扰。

2. 要如约而行

如约而行往往比有约在先更加重要。参加正式会议、会见或其他类型的社交聚会时，一定要养成准点抵达现场的良好习惯。对于双方约定的时间，轻易不要改动。万一因特殊原因，需要变更时间或取消约定，应尽快告知对方。

3. 要适可而止

在国际交往中，谨记"适可而止"。也就是说，在双方交往时，不要拖延时间，而应当适时结束。

（三）女士优先

在欧美等西方国家，尊重妇女是其风俗，女士优先是交际中的原则之一。女士优先的含意是：在一切社交场合，每一名成年男子都有义务主动自觉地以自己实际行动，去尊重女性、照顾女性、体谅女性、关心女性、保护女性、并且还要想方设法、尽心竭力地去为女性排忧解难。因为男士的不慎，而使女性陷入尴尬、困难的处境，便意味着男士的失职。女士优先原则还要求，在尊重、照顾、体谅、关心、保护女性方面，男士对所有女性都应一视同仁。但是这并不意味着女性就是弱者，而是像尊重母亲一样尊重女性。

具体要求如下。

（1）在马路上行走时，男士须走在靠近车辆之侧，而让女士走在靠近墙壁或商店之内侧。

（2）进入汽车时，男士应先行打开最近的一扇车门，待女士坐定后，关上车门，绕过车后，再自己开门坐进车内。

（3）下车时，男士先开门下车，绕过车身，替女士开门；待女士完全离开汽车后，再关车门。

（4）进入电梯时，男士须先行替女士挡住电梯门，女士进入后，自己才进入并按下欲去的楼层。抵达该楼层时，须用手挡住电梯门，待女士完全走出后跟上。此点不仅适用于女士，一般对待客户或重要的人也是如此。

（5）上楼梯或坐电梯时，男士应走在女士后面，万一女士跌倒可以搀扶；下楼时则相反，应由男士领前，其道理与上楼梯相同。

（6）进入旋转门时，若门仍在旋转，则女士优先走入；若是处于静止状态，则男士先入，以便为女士转动旋转门。

（7）吃自助餐时，通常主人会宣布"请自取佳肴"这时男士须待在原位，待女士取完首轮后，再依序取用。

（8）进餐厅、影剧院时，男士应走在前边，为女士找好座位。

（9）进餐时，要先请女士先点菜。

（10）同女士打招呼时，男士应起立。

（四）尊重隐私

西方人非常注重个人隐私，讲究个人空间，不愿意向别人过多提及自己的事情，更不愿意让别人干预。因此在隐私问题上，中西方经常发生冲突，例如，中国人第一次见面往往会询问对方的年龄、婚姻状况、儿女、职业，甚至收入，这是一种礼貌，也是较为普通的对话；但在西方人眼里，这些问题侵犯了他们的隐私，会让他们感到不高兴。

在日常生活中，中国人会直接询问别人所买物品的价格。因为在中国人看来，物品的贵贱只是表示该物品的质量。而在西方人眼里，如果你直接询问所购物品的价格，就可能是探问对方的经济条件，因此，这也属于不宜直接询问的问题。如果你想了解该物品的价格，只能委婉地夸耀、赞赏该物品。而在这样的情况下，西方人一般也只告诉你该物品的贵或贱，不会告诉你准确价格。

中国人见面打招呼时总是随便问一句"上哪儿去"，虽然这只是招呼的一种形式，不一定想要准确回答，但在西方却是不可接受的。例如在美国，你如果问朋友上哪儿去，则可能会使对方尴尬，因为这也属于对方的隐私，是你不该过问的。

因此，在这些差异之下，在和外国人交际时，一定要注意自己的用语。以下方面的私人问题，均被外方人士看做是"不可告人"的"绝对隐私"。

（1）收入与支出。
（2）年龄。
（3）恋爱婚姻。
（4）健康状态。
（5）个人经历。
（6）政治观点。
（7）生活习惯。
（8）所忙何事。
（9）家庭住址。

（五）馈赠礼仪

在国际交往中，人们经常通过赠送礼品来表达谢意和祝贺，以增进友谊。在一般涉外友好交往中，向外国友人赠送礼品要遵循惯例，注重合理性。和不同国家的人交往，送礼也是一门学问，礼物并不是可以随便送的。在送礼物时，一定要注意对方是哪一个国家的人，按照他们国家的风俗习惯送出礼物，要不然你的一番好意、热情可能会被误解，甚至发生不愉快。所以，送礼前一定要关注各国的风俗习惯，使你的礼物能够达到你想要的效果。其中最主要的有以下几个方面。

（1）礼品。馈赠礼品时要尽可能考虑收礼人的喜好，"投其所好"是赠送礼品最基本的原则。如不了解对方喜好，稳妥的办法是选择具有民族特色的工艺品，因为送别人没有的东西，最易于被对方接受。

（2）方式。赠礼的方式一般以当面送交为宜。西方人在送礼时十分看重礼品的包装，在各种涉外交往中，当接受宾朋的礼品时，主人应极有礼貌地用双手接过，并握手致谢。许多欧美人在接受别人礼品时，往往要打开包装欣赏并赞美一番。此时，送礼人可酌情对礼品进行几句介绍，以表"礼轻情意重"。

（3）时间。赠礼要适时。有些国家，要在对方送礼时才能还礼；有的国家（如日本），要选择人不多的场合送礼；而在阿拉伯国家，必须有其他人在场，送礼才不会有贿赂的嫌疑；在英国，合适的送礼时机是请别人用完晚餐或在剧院看完演出之后；在法国，不能向初次结识的朋友送礼，应等下次相逢的适当时机再送。

（4）地点。赠礼要分清场合。去友人家做客，不应把宴会上吃的食品作为礼物。出席酒会、招待会不必送礼，必要时可送花篮或花束等。

任务二 接待外宾礼仪

一、外事活动禁忌

(一) 言行方面

在公共场合的仪表体态、言谈举止，常常反映出一个人的内在素质和修养。特别是当你作为国家、政府、政党、团体、企业的代表进行对外活动的时候，给人的印象往往成为相互间进一步了解和交往的重要依据。作为个人，可以有各自的风格；但是在国际礼仪活动和社交场合，应当讲究必要的礼节，规范自己的行为。

1. 行为方面

(1) 遵守社会公共道德。

(2) 遵守时间，不要失约。参加活动要按约定时间到达。不守时是失礼的表现，但也不要过早到达，以免主人未准备好。

(3) 尊敬老人和妇女，上下车辆、出入门让其先行。

(4) 举止端庄，注意言行。不要做一些异乎寻常的动作，不要用手指指人，不喧哗，不放声大笑，不在远距离大声喊人，走路不要搭肩膀。公共场所偶遇外宾后，不能围观、追随，或背后指点、议论。

(5) 站有站相，坐有坐相。站或坐时姿势要端正，不要半坐在桌子上或椅背上，也不要坐在椅子扶手上。坐下时腿不要摇晃，更不要把腿搭在椅子扶手上，也不要把裤管撩起。手不要搭在临近的椅背上。女士要两腿并拢，不要叉开双腿。不要半躺在座椅沙发上。站立时，身子不要歪靠一旁；走路时，脚步要轻。遇急事可加快步伐，但不要慌张奔跑。不要在别人正在交谈时，从中间穿过。在剧场、电影院，如必须从别人的座位前穿过，则必须说声"对不起"，侧身而过。

(6) 公共场合不可以修指甲、挖耳朵、搔痒、晃腿、脱鞋、打饱嗝、伸懒腰、哼小调，打喷嚏、打哈欠时应用手帕捂住嘴鼻，面向一旁，避免发出声音。在相互交谈时，音量以能使对方听得清楚为宜。不要大声喧哗，更不要高声谈笑、旁若无人。说话时，手势不要太多。不要用手指或刀叉、筷子指着对方说话。

(7) 随意吸烟。在国外，很多地方和场合是不允许吸烟的。非禁烟场所，如有妇女或不吸烟的男士在座，吸烟应征得其同意。

2. 交际谈话方面

（1）在涉外活动中谈话要自然、大方、诚恳，要注意分寸，谈话得体，自己不清楚的事不要随便作答。

（2）谈话时要注意认真倾听，不要左顾右盼、闭目养神或看手表。谈话时要面向外宾，不要同翻译小声嘀咕。谈话音量以对方能听清为宜。

（3）谈话时不要只顾自己讲，不给外宾说话的机会，也不要轻易打断别人的谈话。三人以上谈话时，不要只谈两个人知道的事，冷落他人。

（4）外宾相互谈话时，不要趋前旁听，如需和外宾说话，应先打招呼。如果没听清外宾谈话，不妨再问一遍。如外宾未领会我方人员的谈话，应通过译员向外宾解释。

（5）切记不要打听外宾的私事，如年龄、履历、婚姻、薪金等。

（6）日常生活中见面时要互致问候，忌用"你吃了吗""你去哪儿"等日常寒暄的话。同外宾打招呼时注意勿谈论疾病与不愉快的事。

（二）卫生方面

1. 个人卫生

（1）卫生注意清洁、整齐，特别是衣领和袖口要经常清洗。头发、胡须要经常修整。

（2）吸烟应注意场合，参加活动前不要吃蒜、葱等味大的东西。

（3）在正式场合，忌挖眼屎、擤鼻涕剪指甲等动作。

（4）患有传染病的人严禁参加外事活动。

2. 环境卫生

（1）忌随地吐痰，乱弹烟灰，乱丢果皮纸屑或其他不洁之物。

（2）忌把雨具及鞋下的泥水、泥巴等带入室内。

（3）忌把痰盂等不洁器具放在室内醒目的地方。

（三）拍照方面

（1）在对外活动中，摄影人员（包括摄影记者）一般应该在现场抓拍，不可随意摆弄客人和主人，也不应用手拨开挡在镜头前的人，必要时可说："对不起，请让一下。"

（2）遇到拍合影时，接待人员安排好宾主就座后，摄影人员应该迅速拍摄，不要让大家久等。

（3）在涉外活动中，人们在拍照时，不能触犯特定国家、地区、民族的禁忌。

(4) 在边境口岸、机场、博物馆、新产品与新科技展览会、珍贵文物展览馆等处，严禁随意拍照。

(5) 在被允许情况下，对古画及其他古文物进行拍照时，严禁使用闪光灯。凡在"禁止拍照"标志的地方或地区，应自觉停止拍照。

(6) 拍摄照片一般不要尾随抓拍，特别是给女性外宾拍肖像，应征得当事人的同意。通常情况下，不应给不相识的人（特别是女士）拍照。

（四）外事活动禁忌

1. 颜色的禁忌

日本人忌绿色，认为绿色象征不祥；法国人忌麦绿色，因为这会使他们想起德国法西斯的军装；比利时人忌蓝色，将蓝色作为不吉利的标志；巴西人、埃及人忌黄色，以黄色为不幸、丧葬之色；土耳其人布置房间、客厅忌用茄花色，因茄花色代表凶兆；印度忌白色，视白色为不受欢迎的颜色；摩洛哥人一般不穿白衣，认为白色是贫穷的象征；乌拉圭人忌青色，认为它意味着黑暗的前夕；泰国人忌红色，泰国人平时绝对不用红笔签名，因为在泰国，人死后，人们会用红笔将死者姓名写于棺上；蒙古人忌黑色，认为它象征不幸、贫穷、威胁、背叛、嫉妒、暴虐；欧美人忌黑色，视黑色为哀丧之色；埃塞俄比亚忌淡黄色，在埃塞俄比亚，淡黄色衣服只有哀悼死者时才穿。

2. 数字的禁忌

(1) "3"的忌讳。点烟时，一根火柴只能给两个人点，给第三个人点时，应把火熄灭，再换火柴给第三个人点。

(2) "4"的忌讳。在韩国，旅馆没有4层楼，门牌没有4号，军队中没有第4军、第4师、第4营，也没有第4海域；日本人也讨厌"4"以及"4"组成的数字。

(3) "13"的忌讳。一些西方人认为"13"这个数字是不祥之数，楼房的电梯没有13层，航空公司没有13号班机，影院、会场没有13排、13座，宴会没有13人一桌的。

(4) 星期五。星期五被视为不祥之日，"13"碰上"星期五"就更不祥了。

(5) "9"被日本人忌讳。因为日语"9"的发音与"苦"的发音相同。在赠礼时，不可赠送数字为"9"的礼物，以免引起误会。

(6) 国际篮球运动规定，上场比赛的运动员禁用1号、2号和3号。

3. 图案的禁忌

(1) 美国人忌用珍贵动物的头部做商标图案，因为这会招致野生动物保护协会的抗议和抵制；也不喜欢在商标图案中出现一般人不熟悉的古代神话人物，蝙蝠在美国人眼里是凶神恶煞。

（2）英国人忌用大象或人物肖像做商标图案。

（3）瑞士人忌讳猫头鹰的图案，认为那是死人的象征。

（4）意大利人忌讳菊花图案，因为他们习惯把菊花献给死者。

（5）日本人忌用荷花做商标图案，狐狸和獾在日本是贪婪和狡诈的象征。

（6）法国人忌用桃花、仙鹤做商标图案。

（7）土耳其人将绿色三角图案视为免费商品的标志；

（8）澳大利亚人不喜欢用袋鼠或考拉做商标图案，因为他们视这些动物图案为本国象征。

（9）北非、利比亚忌讳狗的图案。

4. 服饰的禁忌

（1）西班牙女人上街必定要戴耳环，认为没有戴耳环就如同没有穿衣服。

（2）即将做新娘的欧洲姑娘，在婚礼之前往往拒绝试穿结婚礼服，原因是怕婚姻破裂。

（3）一个外国人到英国，如果系了一条带条纹的领带，那将是一个严重的错误，这种领带可能被认为是军队或学生校服领带的仿制品。

（4）阿拉伯人的"阿格尔"是用来固定披在头和脖子上白布的头箍，用骆驼毛做成，一般是黑色，老年人也有少数用白色。

5. 送礼的禁忌

（1）不要给英国、加拿大人送百合花，百合花被他们认为是死亡之花。

（2）不要给西班牙人送大丽花和菊花，不要送紫色的花给巴西人。

（3）波兰、德国、瑞士忌送红玫瑰，因为他们认为红玫瑰代表浪漫的爱情。

（4）给科威特、苏丹等国家的朋友送礼，不能送酒、女人照片和雕像。

（5）哥伦比亚、阿根廷等国，不要送衬衫、领带之类的贴身用品。

（6）不能给美国的妇女送香水、衣物和化妆品。

（7）切忌给东南亚国家的友人送手帕，他们认为手帕是擦眼泪的，不吉利。

6. 交往中的禁忌

（1）与欧美人忌谈涉及个人隐私的问题，如年龄、婚姻、收入等；

（2）跟英国人打交道，不要系条纹领带，不要谈王室的事，对英国人要统称"大不列颠人"。

（3）印度、印尼、阿拉伯人，不用左手与他人接触，也不用左手传递东西，佛教国家不能随便摸小孩的头顶。

（4）去北欧国家，如芬兰、瑞典主人家做客，不要忘了给女主人带些鲜花，最好是五朵或七朵。

任务三 中西方用餐礼仪

用餐也是涉外活动中必不可少的内容。

一、中西方座位区别

古代中国素有"礼仪之邦"之称,讲礼仪、循礼法、崇礼教、重礼信。宴席座次礼仪,是中国人数千年的传统。现代中餐依然很讲究座位的排序。首先是老人入座,而且要坐首座,一般以正中为上座(即首座),至于什么是首座和正中位置则视具体情况而定;如果待客当然是客人坐首座,而且最好左右有陪客之人,方便招呼客人就餐。

吃西餐要讲究仪态姿势,但在餐桌上的礼仪并不仅止于此,主要还表现在交际中。如宴请客人,主人应安排座次,其基本原则是男女宾客混坐。如主客共八人,长方餐桌,则两个主人两头对坐;宾客六人,两边各三人,一边可让女宾在中间,两边各为男宾;另一边则让男宾在中间,两边各为女宾。这样每个人的左右对面都是异性,以便交谈。鲜少有夫妇坐在一块,据说以避免夫妇窃窃私语。一般情况下,最得体的入座方式是从左侧入座。当椅子被拉开后,身体在几乎要碰到桌子的距离站直,领位者把椅子推进来,腿弯碰到后面的椅子时,就可以坐下来。

排列座次时,国际通行的惯例是"以右为上",即认为居右之位高于居左之位。特别是在涉外场合,它已被广泛采用。

二、用餐时间

现代社会吃中餐时,就餐的顺序已经有所简化,但是最重要的规矩却保留了下来。就餐时,等所有人都入座后,不能先动筷,要等长者和客人先起筷。且往往习惯一边上菜一边用餐,女主人往往是最后开始坐下进餐的。而西方就餐礼仪又有很大的不同。在用餐时,应等到全体客人面前都上了菜,且女主人示意后才开始用餐。在女主人拿起她的勺子或叉子以前,客人不得食用任何一道菜。女主人通常要等到每位客人都拿到菜后才开始。当她拿起匙或叉时,就意味着大家也可以那样做了。女主人一拿起餐巾,你就可以拿起你的餐巾,放在腿上。有时餐巾中包有一只小面包,可把它取出来,放在旁边的小碟上。

三、用餐礼仪

所谓餐桌礼仪是为了让用餐不受阻碍和破坏，而得以顺利流畅地进行的实用守则。谨记整齐、清洁和保持安静三项原则。

若主人在餐馆宴客，请客人点菜，客人点的任何菜都要向主人说明，而不是直接向服务员说。

洗手的水一般盛在玻璃盆中，有的放几片花瓣，有的下边有一衬垫，千万不要误认为是饮用水。

吃比较散碎的食物，如色拉，可用叉吃，叉齿朝上，也可用一小块面包帮助把色拉推上叉子。各种干果、饼干、干点心、炸土豆片、龙虾片等都可用手拿着吃。面条可用叉子卷起来吃，不能用叉子挑。

面包用手去拿，拿来放在自己的小碟里，或大盘的盘沿上。用黄油刀而别用自己的餐刀，取一小块黄油或果酱，放在自己的小碟内，用手掰一小块一两口可吃下去的面包，涂抹上黄油或果酱，抹一块，吃一块。不能用刀切面包，如果上的是面包片，也不能把整片面包涂抹上黄油送到嘴边咬，同样要掰成小块吃。

正餐通常从汤开始。在座位前最大的一把匙就是汤匙，它在右边的盘子旁边。不要错用放在桌子中间的那把匙子，因为那可能是取蔬菜或果酱用的。

如果有鱼这道菜的话，它多在半场以后送上，桌上有吃鱼的专用叉子，它可能与吃肉的叉子相似，但通常要小一些，总之，鱼叉放在肉叉的外侧，为离盘较远的一侧。通常在鱼上桌之前，鱼骨就剔净了，如果你吃的那块鱼还有刺的话，你可以左手拿着面包卷，或一块面包，右手拿着刀子，把刺拨开。如果嘴里有了一根刺，就应悄悄地，尽可能不引起注意地用手指将它取出，放在盘子边沿上，别放在桌上或扔到地上。吃鱼时不要将鱼翻身，要吃完上层并用刀叉将鱼骨剔掉后再吃下层。

吃肉时，要切一块吃一块，不能切得过大，或一次将肉都切成块。吃鸡腿时应先用力将骨去掉，不要用手拿着吃。

喝汤时不要吸，吃东西时要闭嘴咀嚼，不要舔嘴唇或咂嘴发出声音。如汤菜过热，可待稍凉后再吃，不要用嘴吹。喝汤时，用汤勺从里向外舀，汤盘中的汤快喝完时，用左手将汤盘的外测稍稍翘起，用汤勺舀净即可。吃完汤菜时，将汤匙留在汤盘（碗）中，匙把指向自己。餐桌上的佐料，通常已经备好，放在桌上。如果距离太远，可以麻烦别人，但不能自己站起来伸手去拿。

吃西餐还应注意坐姿。坐姿要正，身体要直，脊背不可紧靠椅背，一般坐于座椅的四分之三即可。不可伸腿，不能跷二郎腿，也不要将胳膊肘放到桌面上。

四、中西方喝酒的不同方法

酒文化在中国源远流长，我们在待客、过节时都会频频举杯，而且在酒桌上往往会遇到劝酒的现象，以彰显主人的热情而西方则完全不同。

西方喝酒的正确握杯姿势是用手指轻握杯脚，为避免手的温度使酒温增高，应用大拇指、中指、食指握住杯脚，小指放在杯子的底台固定。饮酒时绝对不能吸着喝，而是倾斜酒杯，像是将酒放在舌头上似的喝。可轻轻摇动酒杯让酒与空气接触以增加酒味的醇香，但不要猛烈摇晃杯子。此外，一饮而尽或边喝边透过酒杯看人，都是失礼的行为。如果酒杯上不小心沾上了口红印，切记不要用手指擦。

会喝酒的人饮酒前，应有礼貌地品尝一下。不要为显示自己的海量，举起酒杯看也不看，便一饮而尽，导致酒顺着嘴角往下流；也不必矫揉造作地在举杯时翘起小手指，以显示自己的优雅；更不宜一边饮酒，一边吸烟。

鉴于酒后容易失言和失礼，故在涉外活动中，饮酒的量要控制在自己平日酒量的一半以下。不要一看到美酒佳肴，便忘乎所以了。

有教养的饮酒者饮酒时是不会让他人听到吞咽之声的，倒酒时只放八成满。

吃西餐的时候，主人不提倡大肆饮酒，也不会用各种办法劝客人喝酒。

规范的西方饮酒进行总结为：首先，举起酒杯，双目平视，欣赏酒的色彩；其次，稍微端近，轻闻酒香；然后，小吸一口；第四，慢慢品尝；最后，赞美酒好、酒香。

参考文献

[1] 舒静庐．职场礼仪［M］．上海：三联书店，2014．
[2] 关洁，林琳，王婷．个人形象设计［M］．成都：电子科技大学出版社，2015．
[3] 金正昆．公关礼仪［M］．北京：北京大学出版社．2005．
[4] 蔡践．礼仪大全［M］．北京：当代世界出版社，2007．
[5] 石咏琦．奥运礼仪［M］．北京：北京大学出版社，2006．
[6] 杨瑞杰，邱雨生．现代公共礼仪教程［M］．徐州：中国矿业大学出版社，2005．
[7] 朱燕．现代礼仪学概论［M］．北京：清华大学出版社，2006．
[8] 张文菲．青年礼仪教程［M］．北京：中国商业出版社，2005．
[9] 刘佩华．中外礼仪文化比较［M］．广州：中山大学出版社，2005．
[10] 李蕙中．跟我学礼仪［M］．2版．北京：中国商业出版社，2005．
[11] 范莹，王子弋，卢隽美．礼仪基础［M］．上海：华东理工大学出版社，2006．
[12] 全正昆，国际礼仪［M］．北京：中国人民大学出版社，2015．
[13] 柳建营，熊诗华，张明如．大学礼仪教程［M］．北京：学苑出版社，2005．
[14] 王斌．政务礼仪大全［M］．哈尔滨：哈尔滨出版社，2005．